冯纪忠 著

造园记

与古为新方塔园

湖南美术出版社

·长沙·

冯纪忠先生在何陋轩

目　录

与古为新 001

谈方塔园规划 005
一、规划背景 005
二、整体布局 010
三、塔院广场 018
四、水岸 032
五、北门 042
六、甬道 049
七、东门 051
八、堑道 056
九、垂花门和长廊 060
十、楠木厅 062
十一、赏竹亭 064
十二、石础 066
十三、石砌 069
十四、植物 069
十五、旷与奥 071

谈何陋轩设计 073

一、与古为新 073

二、总体构思 076

三、时空转换 078

四、意动 082

五、台基 085

六、竹构 088

七、屋顶 096

八、四方墙的厨房 101

九、弧墙 104

十、色彩 112

十一、修旧如故 115

何陋轩答客问 119

时空转换

——中国古代诗歌和方塔园的设计 125

编后记 131

与古为新

与古为新

方塔园整个规划设计，首先是什么精神呢？我想了四个字，就是"与古为新"。"为"是"成为"，不是"为了"，为了新是不对的，它是很自然的。"与古"前面还有个主词（subject），主词是"今"啊，是"今"与"古"为"新"，也就是说今的东西可以和古的东西在一起成为新的。这样，意思就对了。

与古为新，前提就是尊古。尊重古人的东西，要能够存真，保存原来的东西。但有个别情况比较特殊，比方说，整个这块基地是朝北的，我们由北门进来，但实际上过去这个塔，在一个庙的范围内，是朝南的；但明朝的影壁，应是大门口对面的一个影壁，它是朝北的。这很巧，一个因为你无从考证，一个它现在的现实是朝着北，从北门进来的现实跟影壁原来朝北的位子正相同。这些我们都要尊重，这是一个精神。

第二个精神，方塔是最有价值的，所以大家来看方塔，它是主体，因此主体要在全园散布它原有的韵味。这是个原则，能够使得它存它的"古"，同时使其能够显露或者说加强主体宋塔的韵味。整个园子的布局，从其与周围的关系到各个细部，都要能够有这样一种精神。

我主要想从这里讲起，这是总的精神。

要尊古，我们如何才能在最好的条件之下把古塔烘托出来？举个例子，就好像是博物馆里贵重的东西，每样东西都用一个托子托住它。建造这样重要的古迹，都得这样衬托起来。但又不能独立地衬托在那里，要组成一个互相之间的空间关系，根据这样一个原则，台基有高有低，就像手上托着明珠一样。它有些主次，又有些变化，同时有利于观赏，还要有对游人的关注。所以设计整个园子的原则，也就是这些。把这些从粗到细地贯彻下来。

塔院与广场、园子之间的墙都不封闭，所有的空间都是相互贯通的，并且有多种方向的引导。甬道、堑道等引向宋塔、天妃宫。几个大块的面积——大广场的地面、大水面、大草坪既独立，又不封闭，相互之间的空间分而不断，构成整体。

（2007 年 7 月 17 日）

何陋轩的灵感，我当然有啊。

首先，它一定要成为一个点，它的分量不能少于天妃宫，这是我的一个点。古人的东西，古人创造的方塔，古人创造的天妃宫，都是用台子抬起来供奉着，如掌上明珠。人家来我这个地方，首先会考虑规模值得跟那些比对。思想上是这样，感觉上也是这样。你在一个公园，走了那么多路了，到这里来，也需要有一个开敞的东西。一个亭子，几个围廊，苏州的那一套东西拿过来，不够分量啊。

第二，既然这样了，连大小我都要跟它比配一下子，所以我就跟那画图的讲，你就量一下天妃宫的大小。何陋轩台基的大小，我用的就是天妃宫的大小，而且是用的三个，且三个一样大小。当时在寻找方向。房子是南北向，但摆的过程是时间和空间相互定位、相互变化的一个过程，所以搭个台子，按照角度在转，最后把它定出来，是南北方向。这就是我说的时空转换。

（2007 年 7 月 24 日）

在《人与自然——从比较园林史看建筑发展趋势》一文中，我讲"形、情、理、神、意"。从园林发展来讲，北宋到南宋是写自然、写山水的精神，到明清开始写意，苏州园林写主人自己的意。整个方塔园的设计，取宋的精神，以宋塔为主体，通过大水面、草坪及植栽组织等传达自然的精神。何陋轩则从写自然的精神转到写自己的"意"，主题不是烘托自然而是摆在自然中，"意"成为中心。

宋的精神也是今天需要的，"与古为新"的"古"不是完全的宋，但精神是宋的。我要让这种精神贯通全园，在全园中流动。整个设计为何不取明清，而独取宋的精神？不仅仅因为作为全园主体且年代久远的宋塔本身传达出了宋的神韵；而且，宋代的政治气氛相对来说自由宽松，其文化精神普遍地有着追求个性表达的取向。正是这种精神能让我们有共鸣，有借鉴。所以到了我设计的"何陋轩"，就不仅仅是与我有共鸣的宋代的"精神"在流动，更主要的是，我的情感、我想说的话、我本人的"意"，在那里引领着所有的空间在动，在转换，这就是我说的"意动"。高低不一的弧墙，既起着挡土的功能，又与屋顶、地面、光影组成了随时间不断在变动着的空间。它们既各有独立的个性，又和谐自然地融入到整体之中。

（2007 年 11 月 26 日）

谈方塔园规划[*]

一、规划背景

你看有多少机会真给我设计？所以我遇着一个设计，就要用点心了，这样的话才行。

"文化大革命"后期，我被下放到乡下务农。中央把我调回来，参加几个项目的设计，一个是国宾馆，一个是北京图书馆。假使不是中央把我调回来，还不知道什么时候回来呢，所以还是好的了。那个时候，做设计是战战兢兢啊，不敢越雷池一步——叫我怎么做，我就基本怎么做。另外呢，我确实也只能这样，再进一步不可能，没这个可能，没这个条件。

在那个年代，要想在设计过程当中有一些现代的东西出来，不大容易。自己脑子也不是想着这上面，因为觉得没有这个可能性。外面的资料也没看了。当时不是完全没看，来了以后去翻翻也有的，那只是翻翻，不行的。

直到 70 年代末期、80 年代才感觉到，有这种可能性。这个时候开始，要有点东西出来了。方塔园 1979 年就有这个事了。这个事很慢的，开始都不晓得有现在这个规模。

---

*方塔园的规划与设计时间：1978 年。——编注

隔了那么长的时间，在这种情况之下，忽然有这么多东西来了，那当然要好好地做做。完全不在乎什么报酬……那些都不想了。能做，大家很开心地做，组织几个人，也好几个人了。

（2007年7月18日）

小的公园设计，50年代也没断过。我和园林（管理）局有来往，所以要开发一个园子都要去画画的。大一点的是（上海）动物园了，开始叫作西郊公园，我还有总图，他们要搞一些建筑，廊啊什么，当然要这样搞，中心一部分也可以，我也规划过。很多园子我都提过意见，但没有哪个具体的园子是我自己设计的，只有方塔园。

程绪珂那个时候有三个园子的任务：一个方塔园；还有在城外的古漪园，这个交给杨廷宝了，是不是杨廷宝直接在做我就搞不清楚了；还有一个是园林（管理）局自己设计，搞的是不是植物园我就记不起来了，也是一个扩建的。

这三个园林设计，园林管理局希望三种不同的构思方式。先是请南京的杨廷宝他们挑一个——古漪园，已经有个园子，有东西在那儿了，很难说风格有什么不一样，做起来也比较简单了，也不会对古漪园有什么意见，原来就有个东西，怎么把它修修、做大。方塔园从头开始，空白的，就比较困难一点。我倒是蛮开心，我确实跟他们方式不同。方塔是建筑文物，要考虑文物的问题。还有就是基地，当时讲起来很不利，塔的标高相对马路是低下去的，周围乱七八糟，一块一块的洼地。

有的时候就是这样，我还不喜欢一张白纸，我情愿有东西、有困难，我倒可以思考怎么解决。塔，讲起来是个障碍，

方塔园规划前原貌（图片来源：冯纪忠）

正好这个才能说明方塔园应该这样，你怎么照它轴线都不行，所以也有好处。

方塔园 1978 年投资了 500 万元修方塔，当时赵祖康还是副市长，他说，以前他家就在前面，然后说方塔不能让它荒废。然后就是程绪珂来了，构思建方塔园。

第一期 1978 年 5 月到 1980 年完成，第二期是 1981 年到 1987 年。一期就是北大门和广场，但整个草皮和水要挖深，那个概念已经有了。第一期就是征地、迁地、地形改造、迁天妃宫。那时基本有个草稿了，不然天妃宫摆什么地方呢？他们从建筑讲，第一期，第二期，告诉我们开始。我早就动起来了，人也组织起来了。

（2007 年 7 月 27 日）

方塔附近规划前原貌：方塔、照壁、古树（图片来源：冯纪忠）

明代照壁规划前原貌（图片来源：冯纪忠）

方塔园用地原状图（图片来源：冯纪忠）

二、整体布局

（一）地形整理

到了 80 年代做方塔园，当时有人说，50 年代做的还比较现代，方塔园怎么又突然成了一个大屋顶了呢？怎么又成了中国形式的了？我说，这不是主要问题，这是形式，这些还是侧

方塔园规划前原貌：从方塔上向下看（图片来源：冯纪忠）

重体现了我一贯的思想过程的。

就说东湖的两区两所，就已经是风景区的建筑了。那个时候，我们也是按照风景区的首要因素理解、联系四周的环境协调。不是从自我出发，而是从一个建筑看上去，四面八方都要联系起来。

方塔园，我还是用的这个方法。首先一个，方塔园当时有一个好处，它的南边基本上没什么建设。也有人说，我们能不能从东边限制一下新建筑的高度？我们光设计方塔园不行，做好了以后周围怎么办？我们讲了一个先决条件：东面、南面不可能有高层，北面有一个五层楼的工房在那里，很不好看，所以周围这个问题得首先解决。

然后，这个基地原有的经费也很少，不重要的地方不花钱。当时在塔的南边堆了瓦砾，塔的西边现在是一座山，当时也是一堆瓦砾，这两堆瓦砾，将来造地形可以省一些费用。广场东边现在的一个小山堆也是原来的，我基本是完全保留这些原来的土堆，保留以后可以再加大。当时东面的一堆我就加大了，因为北面的五层工房很难看，所以堆土就要堆这一块，把它加大，这是讲地形。

(二) 塔院广场

另外就是，塔是主体，我们整理地形主要是为了它。首先，它太低，从北门进来到塔，相差差不多 2 米。所以，塔无论如何要最后到跟前，下来一点才能看见。

广场，我们就是根据这个定下来的。所以，无论如何，塔要再低下去一些。我们现在做的这个斜坡，下去前面就是硬地，已经很勉强，再少不行。但这个广场的高度已经到了最高水位线，不能再低下去。这样一来，我就决定，广场往下低下去，建好四周让它能保留的高坡。这样，到达塔，就有一个层次。

我们觉得广场很重要。因为广场有两个东西：一个照壁、一座方塔。后来（有关方面）就决定，要把天妃宫从市区迁来，不管要不要，决定先迁来。后来发现，迁来不错，我是赞成的。我为什么赞成呢？方塔园作为一个露天博物馆工程，方塔的分量不够。

其实不能讲它的分量不够，因为还有桥啊……零零碎碎的还可以。那时候已经搬了明朝的楠木厅，我觉得很好。广场就有塔、天妃宫，还有两棵大银杏树把它挡着。基本上当时保留的大树有五六棵，这里两棵是最好的，另外就是东门进去的垂花门两边正好对着两棵大的银杏。这两棵正好遮挡了广场。所

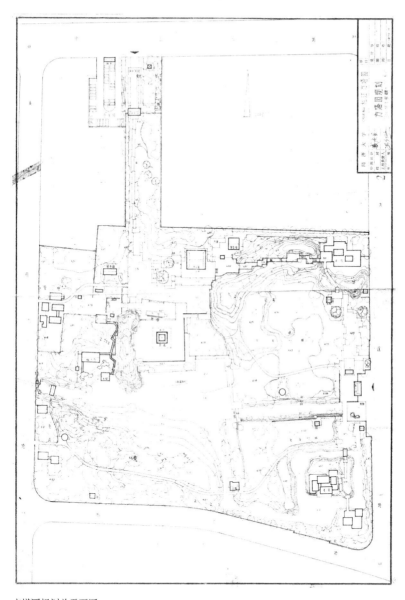

方塔园规划总平面图

从南草坪看方塔（冯纪忠摄）

以，这儿还有几样东西，做起来就很有做的意思了。

（三）南草坪

草坪这里，基本上就是南边游园的主要方向，所以南边就稍微堆点土，做大的斜坡。草坪的一边岸线是硬的，一边是入水的，又有点变化。原来还有几株竹子，这个我们也照它原来的样子保留。大的格局基本上是这样定了。

（2007年7月17日）

（四）北门

当时我们做了个北大门，里面怎么样还没定。塔院做了，所以说，跟塔院有点关系。对北大门整个的大小只有个模糊的

从北门甬道进入，渐见方塔（冯纪忠摄）

概念，一定要大气，再多也不可能了，也还是一步一步地增加。但是，到做塔院广场的时候，基本上思想都定了。大水面、大草坪都有了，这个北门一定要从整体考虑。当时还没那么清楚，反正这三个东西一定有"分量点"。

（2007 年 7 月 24 日）

（五）甬道

然后就考虑从北门进来。游人肯定是从北门进，因为北门那里有一块窄地，进来后右手边是一道墙，这道墙的界线就是园子原来的界线。而且非常好的是，沿着墙有一排树，这排树在那时都有点蓬勃，这就很好了，等于路旁边有一排树。但这些树是歪着的，不是正对着塔。那也正好，如果是直对塔的话，往下看塔，不舒服。所以，左边就不再做墙，这边用花坛，正好，花坛曲折的线与另一边的直线形成了曲折对比。

如果路是一直这样低下去，给人一种往下走的感觉，所以我们的路是用一块板，再一块板，这样一点一点错开，让人走路有一种变的感觉。这样的变动，就能让人少抬头。差不多到了再抬头，这样下去已经到广场了，问题就不大了。

（六）东门

然后是东门的问题。原来以为从东门进来的人多，实际上还是从北门进来的人多。

现在看来，东门当时是看重了点，没有北门自然。如果东门现在做，我会将它缩小一点，进去的院子也没必要那么大。一进去，应该直接到那个塔。结果用院子、墙一挡，好像有点不自然。

另外，从东门进来正好对着竹林，看不到塔，而使得游人一进来就看见北边的两棵大树。那两棵大树，我估计是过去别人墓葬的古树，所以就做了一个小的垂花门，引人到北边去。

（七）堑道

又在北面做了一个堑道。这个堑道也是事先想好的，因为要挡后面的五层的工房。做"堑"就是两边堆土，所以就把北面的土堆了，然后做墙，否则挑土的工人就麻烦了。做了堑的墙后，再堆堑南边的土，这些土基本上都是用园子里的土，正好差不多够用。

堑道，我主要考虑，要跟方塔的主体广场组成一定的关系。所以它虽然只是一条路，但路有一定的分量，像北门进来的那条路一样，都要有一定的大小，太小就小气了。

（八）茶室

最后就是堑道到了尽头，有一个吃东西的地方。本来准备是做·个茶室，方案里做了，当时没钱，白做。后来想，白做也好，因为总体上不是很重要。

（九）水、土、石的处理

水，基本上就是原来的这条小河，把它扩大；然后，取土也有地方了。通过取土，形成一个大的水面。其他的，就随它原来的自然状态。这里本来就是一个简单的小溪。水、植物基本上都保留了原来的自然状态。

另外，有些土方就在内部解决，然后通过高低变化，尽量自己解决。石头，我们用得也不算多，只有堑道上的石头是从外面运来的。

这就是整个布局、做法和思想。我想就尽量简洁明快，不要太啰嗦。

（2007 年 7 月 17 日）

三、塔院广场

（一）旷奥

一进广场，这里一堆树。本来我想，进来以后对着这些树，太闭塞了。后来一看，正好这边有个踏步上山，我不赞成在这个广场上踏步上山，这个树正好挡住。所以我说，暂时问题不大的，但是我认为那个踏步应该去掉。而且进到院子里来，树不要太密，要稍微再疏一点。

广场一进来，应该是一个"开敞"的味道。因为"开敞"，广场跟这个塔的尺度才相符合。没有那么大的广场，跟这个塔不符合，而且塔就不感觉高耸了。所以这片广场很好的一片，平面上要看得出来。

广场要根据全园的整体考虑，才能够定下来它基本的感觉应该怎么样，是"旷"还是"奥"。

这个"开敞"，一个是建筑的广场，一个是水面，一个是草皮。所以，"草皮"跟"广场"有关系的。

我以前跟他们讲，广场西侧的山坡等于一把"太师椅"，能够把塔院广场围合起来。所以，广场这个地方一点高东西都没有，与水面和草坪就是一墙之隔。整个空间讲起来，就是一个整体，空间是完整的，不能有东西阻碍。我设计的看上去虽然隔开了，但它是一体啊。一进入广场看不见，但是你从天妃宫那儿过来一看，看到水面，跟大的感觉还是有关系。

假使我们这个院子是闭合的，广场就没有这个感觉，就是封闭的，那么出来以后，水面和草地太大，广场的分量就被它

从南草坪看方塔和天妃宫，白墙有方塔"基座"的效果（冰河摄）

们压住了。现在广场从这边进来，在感觉上就是贯通的。

所以广场我们要从整体来考虑。广场的规模定了以后，"水面"和"草坪"跟它有关系。这三个东西是一个整体。

三个东西不是一眼看到的，而是通过墙把这几个东西隔开，实际是"一墙之隔"啊。为什么一墙之隔？因为草坪在南边，要能够从南边完整地来看塔。而且，这个墙后面不能有高东西，甚至像矮的树丛我都不主张要。

什么道理？因为从南边看这个"墙"跟"岸"，等于一个塔的"基座"，这个基座要纯，一看就是基座、塔，不给它打断、打破。基座的这个长度、大小也都考虑过，当时看上去效果差不多。整个基座加上塔，我们从塔上面看，非常美。特别是当时树还不高，后面的天妃宫在这儿也看得见，正好天妃宫的墙是缩进去的，所以很容易看出这个基座是属于塔的，把天妃宫包括进去——主体跟次要的东西，整个才能看得清楚。后来，树就种得太密了。

所以，那个广场的平面，是我精心组织过的，这张平面应该有。前两年，同学去，希望他们把绿化修整一遍。有的地方要去掉很多，有的地方要加一点什么。图上加的两块东西我是不大赞成的。

（2007 年 7 月 24 日）

（二）广场

首先，塔的空间本身要有一个层次——要有一个塔院，能集中看这个塔。这个塔院，我就不愿意做封闭式的。从一个空间到另一个空间，不是封闭的；引来天妃宫以后，自己就有一点封闭了。所以塔院就基本差不多了。主要问题是，我觉得方塔非常好，它那个线收得非常漂亮，这是非常难得的，宋的味道很足。因为它是主题，因此我们的园子要有一个宋的味道，不需要太华丽，不需要太多的笔墨。

这个广场中，每一个项目本身又是独立的，有独立的台子把它围起来，后面是塔。台子两边的这两棵树特别有特点，因为它们原来的标高非常高，所以如果台子是围住树，就不得不考虑它的根。但我认为，没有必要真正考虑它的根有多大，只是意思一下。广场的台子是两层的，别的台子都是单层或四方的，这个台子的曲折多一点，层次多一点，这就要考虑树根是

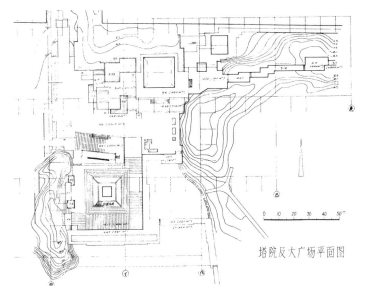

塔院及大广场平面设计图

慢慢下去的，而且考虑到广场上它的自由度能多一点，因为它是大自然的东西。其他的东西，就规整一点。这就是规整跟自然、简与繁的对比。

然后，考虑在广场上看塔的视线。真正最好的地方，是到这个院子里去看一下塔。如果远看，实际上差不多就行了。那么，塔院的墙与塔尖要形成一个角度。这里的视角应该是60度多一点，人抬头可以看见，再大的话，旁边就松了一点，再小看了不舒服。后来想到，从南边看过去，外面正好是白墙，墙不要把塔挡住，那么墙的长度就应该和塔有关系。由于塔院内视角正好60度，所以从外面看起来，塔的高度和墙的长度差不多。所以它不松，看起来比较紧凑，不做作，就很好。这样白墙再往后，就与天妃宫的墙断开了。这个墙也就活跃起来。

后来，我们挖土堆土——也就是把原来的小溪扩大，又使得白墙和水很清楚地分开。因此，建造整个园子时，也发现这个墙效果不错。

（2007 年 7 月 17 日）

（三）塔院

广场的比例，都在这图上表现出来了。院子的大小，虽然事先没有弄，但这个土堆子已经定了，影壁在那儿，讲起来两道墙是定了，跟着是另外两道墙怎么跟法，要考虑了。

我们集体讨论，到院子的时候，看这个塔，有个欲望——看塔的高。塔，当然是高的题了，因此仰头角度很重要：仰头太高不舒服也不可能，低了也不好。大概 60 度。从 60 度一看，墙离开塔的距离定下来，两道墙是根据"塔高"和"看塔（的仰角）"定下来的。最后一看，这个比例很好，墙的长度和塔的高度基本差不多——不是完全根据外观的一比一，而是考虑里面原有的距离，加上看塔的要求，这样做下来，最后合理又美观。

另外，我很高兴这个距离，从大草坪对面看，也很美观。这是我们设计结果的最后要求。因此这个墙，无论如何不能破坏，不能前面来一大排树。

它现在是一条白的，一条灰的，是衬托塔的台基，把原来的墙转化成台基，比例也非常好，所以怎么样都不能破坏。墙的南面，不能种树，一种树就断开了，那不行，低的可以。最

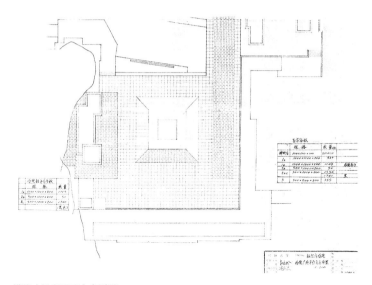

塔院广场平面石方布置图

从方塔向下看刚建成的塔院和广场（冯纪忠摄）

方塔、照壁、广场，方塔与照壁不在一个轴线上（王瑞智摄）

塔院，由西南方向看（王瑞智摄）

塔院，由西向东看（王瑞智摄）

好低的也不种。

这也是我灵机一动来的：如果墙和岸这两个东西都是平的，就像一张画。水边的岸要照顾水的要求，当时挖的时候不是一条线，还是有点出出进进，加了几条线。墙的影子，加上岸边有点折，这样一来更生动了。这两条东西一看，不同的作用。

既然这样，墙那边退了，好极了，正好看见这个长度嘛，所以这地方也不能挡。挡了以后，塔跟天妃宫的关系就不好了。水到这个地方也伸进去一点。正好塔和墙的比例、塔和天妃宫的配合都比较丰富了。不是单纯一个塔，有个天妃宫在那儿，这就很丰富。

（2007 年 8 月 8 日）

（四）天妃宫

一边设计广场、墙的距离多少，一边要为天妃宫迁来找个地方。什么地方都还不知道，我那时候胆子大，"反正你就迁那个地方"。说好了，从天妃宫到银杏树台子多少距离。

讲了这个以后，广场就不要和塔院在一条线上，又把它再缩掉一点：南边是塔，前边是原来有的影壁，后边是个自然坡。那么我就搞了这么一条线。

天妃宫来了，广场要扩大，首先考虑在中间加一块墙，这样就变成两个广场。

（2007 年 8 月 8 日）

现在我去向他们提，这个地方要简化，树修剪得透一些，使得天妃宫的轮廓线可以显出来一些。这样的话，对广场的整

广场往天妃宫的坡道（王瑞智摄）

照壁与方塔的关系（王瑞智摄）

个感觉是一个东西，不能把它分割。特别是这两棵银杏树，把它分割了，这不好。

（2007 年 7 月 24 日）

天妃宫的那一串灯笼本来没有的。我原来设计不是高挂的，是低挂的，也很难搞。当时做好了以后，因为是现做的，不太牢靠，后来就逐渐地砸掉了。

我原来做的没这么高，一个一个的，有的三根，有的五根。后来砸掉了，不能搞低的，只好搞高的了。现在不是有低的嘛，低的还可以，我觉得那高的做得不大好，而且在这个广场上还有两种高的。后来 2002 年，我让他们去掉了两根，大概没问题，因为花样太多了。

其实路上的矮凳子也不需要那么多。我原来讲，错开有点层次，灯光也应该稍微有一点变化，少一点。这个是很难弄。实际讲起来，连日本的园子，都是卖票，限制人数进去的，好多园子进去都是二十人一组啊，不是像我们这样，这就使得文物不可能保护好。也不像是意大利，群众对文物的保护本身就有自己的态度，已经形成保护的习惯。

（2007 年 7 月 17 日）

（五）绿化

原来的设计，里面没有摆这么多的树，因为不可能太热嘛。假使要树荫，也可以，但不是这些树种。后来，看到松江的马路上有些行道树（乌桕），很好。它有很黑的树杆子，而且树杆子上蛮高才有枝子。所以，我建议在广场上多种那样的树。

那么，它上面有东西遮了，下面看起来也不很挤。而且它的树杆子很黑，很黑以后就有劲了，好像有很多线条在里面。而且它不是很直，当然也不是很曲，再曲折一点当然更好。这个状态跟广场基本符合。

这些树底下都是小的灌木，不能围起来，就直接在广场上。其实，加一个围护还是可以的，像北京北海公园前面的团城，等于是一个广场。广场上有一棵树，树底下不是它的基座，但总有一圈，主要是一圈边框，当中种草。它那个边框，不是在广场上让人感觉整整齐齐的两排，它好像是根据树底下根的边框，大大小小变化的，但都是直线——这个非常现代化了，我非常欣赏。我说，假使广场有树的话，应该这样来种，底下边框也应该根据这个意思来设计。这样的话，多两棵树也不要紧，因为它不妨碍广场开阔的情景——它是在一个开阔的广场上"竖"起的树。

我就讲三个空间：一个空间是从顶上看的，一个是眼睛看的视线点这个水平的空间，另外一个空间就是地面。这三个空间可以是交错的，不一定三个都在一条线上。三个都在一条线上，是外国的东西。我认为交错的话，这个空间就活泼了。有的空间在平面上是联系的；但底下能走的空间呢，和视觉的空间不同；上面俯视的空间又不同。三个都不同，它就比较活泼。

所以我认为，广场上要种树，应该是按这样的方式种，而且不要一排一排地开始，还是要有个小小的起点。

如果使用只有那个光杆的那种树，那么杆子就等于线条，广场"硬线"里面有几根线条。至于顶上的树叶，是另外的问题。这个给人一种空间感觉。这样的话，这个地方的几棵树就可以去掉，只要保留一棵就行了。我现在认为，一棵也不要保留，因为它没有我讲的"黑杆子"那个味道。

可是我当时去看的时候，建议他们去掉，他们说，暂时这样，别动吧。

起码天妃宫和塔院广场之间的这两棵树我知道，是原来没有的，加了就不行了。你看，加了的话，两棵树在这个斜坡前面，好像看门一样的，它把塔院跟天妃宫广场隔开了。

可以讲，天妃宫有个小广场，跟塔院是串成一气的，仅仅是它台子的高低不同。那么首先，当然是建筑当中的几个元素分布的远近不同，来烘托出整个气氛。你若把这两棵树弄上去，它跟南边的水和草皮就不能连成一气了。这三个其实是一个大的东西——塔前的广场、水面、草皮，它们构成了一整个开敞的大空间。其他的就根据它们进入一种又开又缩的变化，所以那棵树不能在那儿。

（2007 年 7 月 24 日）

（六）面与形

在广场上，每个面不同。塔院一边是明朝的影壁，是一个限界。另一边，我有意变成自然的土山。另外两边，是很整齐的砖砌的、粉刷的墙面。粉刷的墙面转过去，另外一个面，是两棵银杏树的台子，是石头砌的。另外还有一个面，是墼道过来，到广场上拐弯，和墼道的面一样的砌法，都是粗粗的纹路。这个墙面转过来，背后就是垒的土嘛，一个山坡。每个面都有变化。两个银杏树的台子，砌的石头比这稍微细致一点，不完全一样。所以广场几个面的质地不同，丰富性比较好。

"形"讲起来，这几个砖砌是平的，山坡是粗粗的石头，台子的形也跟它不同，这台子是两层的，其他都是平的，不是阶梯形，不是规规矩矩一个台子，还要弯一弯过去。两棵树，不是前后的，为了表达一下照顾这个根，变成一个简单与复杂的对比——这是一个想象了，实际多不了多少。但用于增加广场上的复杂性，它倒起作用了，这要跟广场周围对比才看得出来。

（2007 年 8 月 8 日）

（七）消防

当时，还有个功能问题，就是这个塔，消防车要能够进来。西边的管理区有条街，消防车可以直接进来，一直到广场，到天妃宫。同时，车子从东门可以开进来，开到这个地方。其实这条路是没必要的，一旦有消防车进来，临时紧急的时候，可以破坏一些绿化。但是当时这条通车的路，它的宽度，我都考虑过，可以进来。

假使消防车进来，至少天妃宫、宋塔和楠木厅这三个文物建筑都要覆盖得了——建筑都在 50 公尺（米）以内应该足够了，这个是一个问题。

而且消防车的掉头啊都要考虑。比如，种树的时候，就要躲开不利于消防的地位。

（2007 年 7 月 24 日）

（八）上山

还有的不尽如意。比如说上山，特别是从广场上能够上去，这个我不大赞成。从广场上去，就打破了它的严肃性。为保持广场严肃性，其实上山，可以从那个长廊的院子里上去。上去，也不过是看见塔多一点。

现在的人总想要上去，就是没办法。其实我们这是个文物园，文物园首先要考虑文物，这个跟植物园不同，也跟一般公园不同。

（2007 年 7 月 17 日）

四、水岸

水面的北边是石头砌的驳岸式的水岸，南边是大草坪，一直到水，渐渐地斜进水。水边希望不要种太多的树，因为到水里面去了。

如果再要进一步讲，因为这个地方是土堆子嘛，正好比驳岸还要伸出来一点了。当时，有一棵树弯到水面的，原来就有的，正好使水在岸上伸出来了，水底下还有岸过去。

（2007 年 8 月 8 日）

这个地方看下来，尽量要挖空。原来形状很好的，现在不好了。我跟他们讲——是不是立刻做就不知道了——这个地方要弄干净，要让别人感觉空间从水这地方过去。栏杆也没有，可以讲有点危险吧。所以把这个地方一部分沿边给花坛，保持

北岸石砌驳岸（王瑞智摄）

从宋代石桥的位置眺望北岸（王瑞智摄）

南岸（王瑞智摄）

平地，不种高东西。他们也接受了，现在好像改了一点。这里边的路稍微宽一点，靠边就没有路了，不要高的东西。从这边看过来，干干净净的。

（2007 年 7 月 23 日）

可是驳岸从这边拐过来，一直到石头砌的桥，都是石头砌的。怎么收呢？

那边是一个石桥，两块石头是古时候的，作为一个景点。其实没什么东西看。既然是一个圆的东西，那么把岸砌过来，

宋代石桥（陆云摄）

南岸石板桥（陆云摄）

南岸草坪与水接触处（王瑞智摄）

下去一个平台，靠这个桥，可以从底下照相，照这个桥。同时，你高兴的话，站在桥旁边，岸上的人给你照照相。

但是驳岸到头了，一过了石桥，全部都是自然的梯形。所以整个水面讲起来，北面是石的岸，弯过来一点，南面全部都是自然的岸，这就是"人工"转换到"自然"啊。我不赞成一看到水都是栏杆，你总有个到什么地方为止——"人工"总要结束的。这样很自然，到了小桥、石舫啊，"人工"在这里边结束，过来全都是自然了。这个东西要做到这个程度。

过来以后进入何陋轩，最后结束出来到东门，这样一圈。先一个"院子"——方塔园，后一个"点"——何陋轩，这样安排的。

我讲，希望空间的变化丰富。

何陋轩看完，到西边土堆子上面去。看整个建筑，全都是弧线——"弧线的大合唱"，这是在里面的感受。外面的整体，还是"曲线的大合唱"。

（2007 年 8 月 8 日）

五、北门

北门不是事先肯定，而是一步一步发展来的。大体上我早有概念了。塔院自然而然就变成一片大的，就成了一个广场。水面基本上要有分量，我总的是从分量上考虑。要有一个点的话，要跟它们的分量差不多——整个园子一直有分量的题，北大门看上去还是挺有气势的。

（2007年7月24日）

另外，就是这个北门顶错开，一个横着的，一个竖着的，它们是错开的关系。因为错开，有点距离嘛，所以老远看着，它有点歇山的感觉。因为它是朝北的，是从北面看嘛，太阳总照不到，它主要是一个面起作用，季节不起作用的。这个面，我就把它弄成两个，错开一摆，一个是比较亮的，一个完全是暗的，要使那个轮廓产生暗的面。这倒也蛮好。

（2007年7月19日）

开始谁晓得这个效果啊，连我自己都没想到。这样有个什么好处呢，隐隐约约能看到这个塔——不是在当中，是在边上，后来遮住了。好就好在，北门跟中国的"歇山顶"相像，它是两片，然后又是翘的，总体上像歇山。它不是很单调的一块，它有歇山的味道。它的轮廓也是这样的，效果不错。

（2007年8月7日）

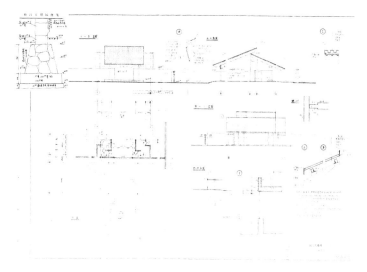

北门平、立、剖面图

北门建成时，从门外看（冯纪忠摄）

北门、甬道（冯纪忠摄）

　　但后来呢，因为树木一大了以后，它就挡了一部分，这个效果没有了，前面就显得不那么重了，就是说，树木跳出这前面一块，后面这一块就好像不那么显著了。大家已经习惯了，所以就无所谓了。这个效果也不错，我觉得还是保持了足够的分量，又要有点气势。

　　但它又不是什么庙、什么殿，比较轻松一些、简化一些。它是钢结构体系。钢结构体系是一根一根，不是一块一块的，那是线，不是块，那么到了后来何陋轩的竹子，还是线。开始，还是条件的问题。这个条件给你，只要条件相互不矛盾，特别是竹结构的感觉、钢结构的大门啊，在整个尺度感上还是可以一致的，还是一种回归自然的感觉。

（2007 年 7 月 19 日）

北门建成时，从门内向外看（冯纪忠摄）

北门做好了以后，就有人批评了："中国建筑柱子都挺粗的，你这么大个顶，底下柱子太细了！"他不讲"太细"，"太细"就从形式出发了，但讲"风要掀掉的"——"这风一来，就把这两片屋顶掀掉了"。其实，下面已经空了，风怎么能掀掉呢？风跑都跑掉了。封住的还有可能，这不是封住的。

跟他怎么讲呢？要证明不会掀，那等大风来了再讲嘛，没法说啊。刚刚开始设计就遇到批判，我实在是没法应付了。后来，我就想了，可以就这样"加强"——当场就讲"加强"。怎么加，他也不管，他只要你能听他的话，就能满意。所以，最后就加了两个辅柱。辅柱一加，大家没话讲了。

后来，可能是到了两年以后，我就跟管理人员讲："你把这个地方截掉，这个就行了。"截掉的这段，等于是辅柱，准确讲是"摇摆柱"。"摇摆柱"在结构上就不是很合理了，其实，假使内行，就会奇怪："这么个柱子你还给它来个摇摆柱？"但一般的人感觉还可以，不觉得难过，他觉得这好像是应该的。

这个北门还有反面。反面看过来，正好有一些结构露出来，这个也蛮好——看着像上面的斗拱。两边很简单，平的，和园墙的高度一致。

后来我跟他们讲，北门进来这个地方将来最好不要种树，会遮住，丰富就丰富在这个地方，遮住就没这个味道了。而且从这条路的尽端看，它很突出，里头的结构什么都看得出，蛮好。

（2007 年 8 月 7 日）

现在的北大门，问题不大，也可以改。沿着甬道的几棵树，我原来意思是不要，但是有几棵树也可以，变成一个"喇叭口"。从里面看过去，屋顶还是被整个树挡住，至少应该把最后一棵树修改一点。这个形状，就使得大门看着更接近一些。文艺复兴时期，特别是到了巴洛克时期，梯形做的就是这个意思，使得路看上去好像缩短了。比如，米开朗基罗设计的一个广场，上面有建筑物，它们是这样——阶梯上去，两边是房子，当中是喇叭口，这样就感觉广场亲切了。所以，这个手法其实是米开朗基罗开始就有了。

但是现在啊，在大门沿路搞了三个牌坊，糟透了——这个我只能提个建议，是管理部门的问题，我管不了。真管的话，还是把它去掉为好。北门大概就是这样。

（2007 年 9 月 14 日）

甬道刚建成时的"曲线"（冯纪忠摄）

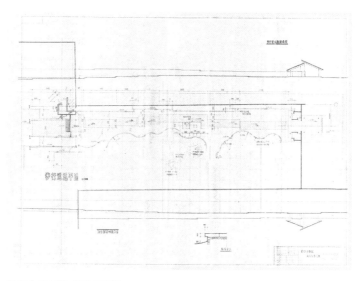

步行道（甬道）设计平面图

甬道施工现场

由甬道南端看方塔（王瑞智摄）

六、甬道

方塔园的甬道，我的意思是不要完全变成一个甬道，要稍微舒畅一点。一边的曲线最好能够延长一点。所以，希望沿着曲线多一些草皮，或者是很低的植物，后面再是高的植物。

墙这边，可以让植物稍微密集一点，把墙挡住都不要紧，不一定要看到墙。所以，这里主要是强调一排高的树啊，底下再有些断断续续的、低的东西。

到广场之前，两边植物稍微密一点。灯，不能一排几个这样形成直线，而且不要两边一对一对的，这样就挡住了，可以很自然地根据路稍微收一点，不要在一条线上。路，要它稍微长一点，但不要两边长，要形成两边的曲折对比：一边是曲

被植被挡住的甬道"曲线"（王瑞智摄于 2019 年 3 月）

由北至南，逐渐降低的石砌甬道（王瑞智摄）

线，一边是高的树，底下不妨再稍微多种点东西。

不管怎么样，曲线的东西要使它露出来，不要被植物打破，打碎一点是可以的。尤其是曲线，它是两条线，交错的，因为曲线的标高是两个：路不是越来越低嘛，所以上面有一条线，底下也有一条线。正好交错的这个点，更要特别露出来——你虽然不让人知道这个高低，但是到那儿了，我还是晓得，低一点下去了。这条线跟路完全不同的话，也不好。因为它后面的立面是跟曲线联系的，不是跟路联系的。

本来我想，一边是直线，一边是曲线。曲线现在全都挡住了，应该露出来。

（2007 年 7 月 24 日）

七、东门

东门跟北门一样，又是两坡，同时又把附属的加了顶。其实，我的个人感觉还是北门好，东门好像太高大，用不着那样。北大门的两边，因为它两边院墙过来，然后进门售票，门口售票处跟院墙一样高度，那么就平的过来，很简单。东大门东西多了，复杂了。商店高出主要的两个屋顶，不能照着墙的高度拉过来，要给它们有个屋顶，这个屋顶一进到大的顶，大的顶只好升高——主体的结构就提高了。就这么回事。

其实我觉得这个是有点失败的。不做屋顶最好，假使要做屋顶的话，何必非要一坡呢？两坡拉倒了，两坡的话，高度不就下来了嘛。但是，两坡好像有点老式了，这一坡一来，又提

东门建成时（冯纪忠摄）

得太高了。

假使，我那时坚持不要商店，跟北大门一样，那这个问题就没有了，大门的高度就降下来，就对了。因为，我们大门不是衙门大门，是一个文物园的大门。北门最好，适可而止啊，它有点气势，但这个气势不是衙门的气势。

当时有人提，这个地方要求有商店，这个是对的。假使你由北门进来游了园子以后，东门出去，正好可以做点生意，买纪念品什么东西。现在，商店里面打开卖东西，外面也可以不开窗，所以如果东门外面的窗户封掉，就更好。因为有窗又有门，太多了，用不到。所以我认为，这个考虑得不是很周到。

当时，他们说，这店做生意，最好是外头也做，里头也做。我听他们的话，外立面就显得啰嗦。其实如果外面完全是白的，只从里头进去买东西，外头就不要进去了，那就两样

由垂花门处回望东门（冯纪忠摄）

了，整个门面就更加简洁。也就说，白色横的墙跟斜的屋顶关系，对比感就更强烈。

这个来不及了。当时，有的事情是招架不过来，东一个意见，西一个意见，干扰得实在没办法。弄到我后来，有的东西就算了，能够造起来我已经很满足了。比如，他们说这个墙的外头也要用，里头也要用，你要跟他们讲外头不用，那恐怕要费很大劲了。首先，店里的人就不肯啊，你硬要里头做生意，就差多了。假使有的人来的时候就进去看看，他生意不是可以更多一点吗？那当然是。

运货都是小车啊，我们沿着东门旁的这个方池子，汽车可以开进去。有些紧急需要的，汽车也可以进。进去以后，走垂花门的旁边，可以开到树林子那儿去。那条路特为摆在树林子，一直到塔院，没有踏步，万一有消防的需要，或者正好不

东门（金江波摄）

堑道（金江波摄）

是广场的方向，是塔的南边出事了，车子也能开到门前。反正消防水管 50 米以内有效，这个都考虑的。但是使用到现在，这条路从来没有开过车子进去。车子进来也是不得已的，开了以后，很可能毁掉一些草、灌木。现在，刚好可以作为辅助用道，就是轮椅通道，用轮椅，一直可以走进塔院，到塔院的墙后面。现在车子来就不行，他们在路两旁摆了很多石像生，我不知道车子开过去，石像生的距离够不够。反正一定要搬走，不搬不像话。

现在东门基本上没变。在东门南边，有个假山石的小池，这个水池和整个水系是通的。要想朝南开窗洞，不行啊！假使要改，建议把它封起来。一个白墙贴在那儿，挺好看的，简单，别的脑子不要用了。这水池边不要开窗。

（2007 年 7 月 24 日）

八、堍道

实际上，堍道旁边的工房老早就有了，是五层还是六层，从这儿看，很有妨碍。那有什么办法呢？只有"挡"的办法了，只有在这个地方堆土。非常不错，正好先挖河的时候，有土挑过去。那么，这边就慢点堆，尽量靠边堆，堆了以后，然后再做堍。堍做好了，再堆南边的土。这样就省了很多工了。

（2007 年 7 月 24 日）

堍上的石头是外面运来的，几个墙上石头的砌法不大相同。有的堍联络到（天妃宫的）广场那一段，那么它的砌法是

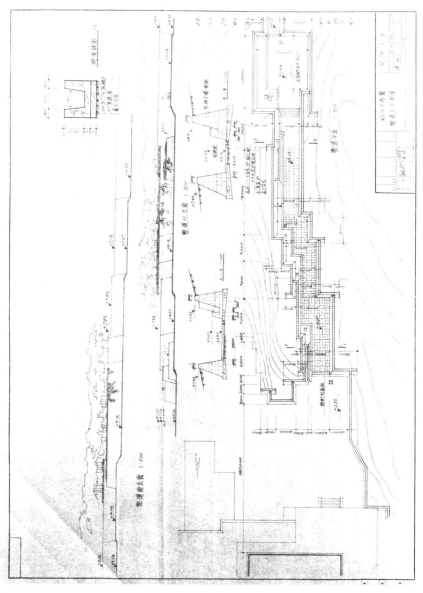

甬道设计图

堑道处原貌（冯纪忠摄）

堑道建成时（冯纪忠摄）

堑道（冰河摄）

近堑道西出口，可以看见天妃宫（王瑞智摄）

大块的。广场上其他墙的石头砌得就比较平整。

地面上没有花纹。就是有方向的地方，比如从广场到塔院的地方，砌法稍微变化了一下。有时砖缝里有草露出来，有时没有，有的被人踩没了。这样的草太多也不好，一点就行，而且也不是任何季节都有。

堑道的空间变化很丰富。我是想，从东门进来，这个地形不好搞，因为是堆起来的东西，因此，我要使它最后显得塔高。所以，这个堑不能完全平，它要高高低低的，使人模糊这个标高，一到了天妃宫又让人觉得："不得了，这个塔这么高！"正好，堑这个地方不错，它是自然的，不是很规整。看到天妃宫以后，还没看到塔，到了天妃宫的广场，再看到塔了，其实都是斜着看到的。它与北门看到的不一样，这是从东门进来看到的。

（2007 年 7 月 17 日）

九、垂花门和长廊

到了东大门，有一个垂花门。一进门，是一个横向广场，究竟往这边走还是那边走？我们希望人们朝北看，因为北边正好有两棵大树，是过去重要建筑或坟墓上头的树，很自然朝北走。经过堑，就到了塔院的广场。

如果从广场出发，走堑道，到东门，还有另一个方向，就到了长廊。长廊的感觉跟堑道完全相反，里面藏什么东西，不进去完全搞不清楚。一个圆的门，就摆在那儿。我开始想，上头写几个字——"与古为邻"，后来想，不如"与古为

垂花门立面（冯纪忠摄）

垂花门侧面（冯纪忠摄）

新"——今的跟古的摆一块，有联系啊，我是想表达这个意思。后来想，这个园子不是很要紧，我那两个字总不大满意的，让别人写吧，不要老是自己写。

东门边的垂花门倒是自己一本正经写的。

（2007 年 8 月 8 日）

十、楠木厅

从"与古为新"那个门过来以后，应该把长廊表示一下。长廊表示完了，要把楠木厅表示一下，作为方塔园蛮重要的一点。

（2007 年 8 月 8 日）

楠木厅那个时候都粉刷成红色了，其实是不应该的。现在应该恢复了，是白的，结构都是红颜色。那个时候我不知道，其他修的人说，那个时候人家哪会细致地粉刷啊，弄得乱七八糟的，反正白墙一会儿就变成红的了，索性让它刷红拉倒了，以后修的时候再刷白，当时完全是修的人定下来的。

修塔的时候，我没参加，在中国，这样的塔当中应该是白的，不应该是红的，尤其是方塔，宋朝的。宋朝的东西，看上去很细致，白颜色、红颜色这样。别的朝代不是这样，明朝没有这个样子的，唐也没有这样子的。

那个楠木厅，你看楠木的细部啊，都很漂亮的，但是木料还是很足——用很大的木料，就是再大的木料，都非常细致。

（2007 年 8 月 7 日）

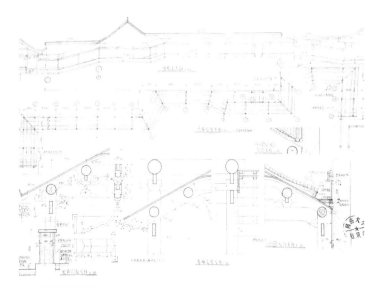

楠木厅长廊设计图

楠木厅长廊（冰河摄）

赏竹亭（金江波摄）

十一、赏竹亭

在竹子走道旁边，有一个赏竹亭。那是在竹林里面，我觉得它只是为了挡挡雨，挡挡太阳，而且既然到这个地方了，人家总要坐坐。

（2007 年 7 月 17 日）

那个草亭子其中的一个座位是伸出去的，至于这个亭子上头的草顶，我不管它了，反正蛮好嘛，但是这个亭子特点就在这个地方。

（2007 年 8 月 13 日）

　　这个屋顶他们没有偷工减料，何陋轩倒偷工减料了。我本来要求何陋轩（屋顶）30公分（厘米）厚，本来要求是茅草，但茅草弄不到，只好是稻草了。稻草的话当然厚了，它可以完全照图，照图还超出了（要求）。

（2007年8月7日）

十二、石础

塔院广场这儿有一个石础，另外应该还有一个石础。这两个石础，一个应该是放在台子上面的，一个是放在草皮里的。因为台子不能延伸到这儿，这样一来，就挡住了这个石础。

这儿的绿化现在必须要整理一下，你看石础太小了，完全看不见了，应该是画更细致的图，来改造这个地方的绿化。

当时只是修剪的一棵树在旁边，不是现在这么一排三棵。你看，而且现在摆得很远，不对的。我是就这么一棵，摆在石础的旁边，当时还比较小。石础在这儿，乱七八糟的东西都不要有，只有这两个石础，再就有后面围的这两株矮的灌木。灌木要一个种类的灌木。在这两个石础当中还是旁边，竖一棵修剪的树。原来修剪的树是几层的，一层、两层、三层，塔式的。后面是灌木，作为背景。前面是两个石础，一个摆在台子上，一个在草坪上。但是现在，前面除了石础之外就竖了一棵树。

这棵树是修剪的，不是矮矮胖胖的，是高高的修剪成几层的，很明显，老远一看就知道是修剪的。因此到广场一看，这是个什么东西？修剪的树。一看，它是个构图，两个石础，一个是修剪的树，后头就是背景。所有七七八八的那些东西都没有。这样一来啊，这些东西本身就在广场上构成一个小构图。

那天我去那个地方了，乱七八糟的东西里面有一棵树蛮有意思，它是很细的絮絮头，我叫不出这个植物的名字。我说，这棵倒是可以留的，因为它是来陪这两个石础。一个是背景绿、石础、修剪树，这个是石础，再加上跟它们完全不一致的叶子——很细的叶子在那里面，这个我说好。老远就看见这个

石础（冯纪忠摄）

构图了，人家就注意到这棵树，到了整个小构图的时候，它又在里面陪衬陪衬，倒也蛮好。

这个修剪树，上次一个英国人一下子注意到了，"这是唯一的一个修剪的"。园子里唯一的修剪的树，他都看到了，所以还是可以看到的。当时因为没有这些乱七八糟的东西，没有多少绿化，它跟山体有关，很明显，它是修剪的东西。

我觉得这个蛮有意思的，因为你在广场上，谁去注意这两个墩子呢？这两个墩子又不是什么稀奇的，它到底是什么时代的都不知道，但肯定是过去的东西，不是现代的。那么大一个柱子，可见当时那个房子还不小啊，所以你摆在那儿也蛮有意思的——这是细部啊。

（2007 年 7 月 24 日）

石础与方塔（王瑞智摄）

十三、石砌

整个广场，又是砖铺的，又是石头铺的。驳岸、挡土墙都是石头的。但是石头的质量，也有意让它不同。

像这个地方的空间是砖围合的，这道墙就是这么砌的，砌法和垄道连在一块。垄道的石头比较自然地突出来一块、进去一块，是粗糙的。驳岸也是围合空间的，但是它跟垄不同，它的石砌比较平整一些，比垄道平整多了。

所以这几个面，有的是非常清楚的，有的又是石头砌成自然的面。

这几个东西，什么道理呢？垄是很自然，原来天生有石头。驳岸上，既然是一个牌子，是为了两棵树，所以用的石头比较整齐。我主要是觉得空间的组织元素要有不同的变化，活跃一些。

(2007 年 7 月 24 日)

十四、植物

二三十年了，园里的小树都长成大树了，都感觉不一样了。因为方塔园是不大的一个园子，随着时间的推移，它的树会越长越茂密，空间感也会发生变化。经过若干年以后，园子里的树要适当地修剪一下，去掉一些。现在差不多已经做了一个方案——什么地方的树要去掉一些，什么地方加什么树。

特别是在南边，要加点枫树。因为枫树迎着太阳好，就好

方塔园植被改造地块分布图

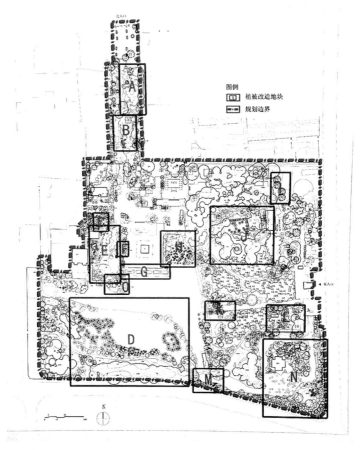

2006 年 8 月方塔园植被改造设计图

像"霜叶红于二月花"。大草坪靠南边、靠西边都要种一些枫树。本来就有枫树，似乎觉得有点不够。

（2007年7月17日）

十五、旷与奥

方塔园表达了风景的旷、奥。比如说，甬道（埏道）表达空间的"奥"，到广场，开阔了，根据空间序列，确定"收"与"放"的关系。

"旷"就是敞亮、开阔，"奥"就是幽，各有特点。当然不光是旷、奥就行了，还有其他的，那都是低一级的问题了。

柳宗元的一句话，最后问题在"旷、奥之理"。他敢出此言，就是很厉害，他对风景有深刻的认识，别人没有这样。王维没有对风景这么概括的判断，柳宗元非但提出来，而且做到了。《永州八记》，两篇是讲"奥"，都是围合、很"奥"的空间。因为一个有"斗折蛇行"的口，另外一个没有，所以另外一个地方就不易久留。"奥"的东西一定要有个口才好，"奥"的特点很明确。《永州八记》，归纳到后来，就是旷、奥。他自己归纳的，这很不容易。他讲，这是风景最主要的问题。对于方塔园，亦是同样啊。

（2007年8月14日）

何陋轩（冯纪忠题）

谈何陋轩设计*

一、与古为新

方塔园整个园子，就是要把"宋塔"烘托出来。其实，搞方塔园的时候我想过，主要的思想是什么呢？就是"与古为新"——今天的东西、今天的作为，跟"古"的东西摆一块，呈现出一种"新"来。"古"的跟我们"今"的一起呈现出"新"的味道，主要是这个意思。但是整个味道是什么呢？还是"宋"的味道。所以，整个讲起来，我觉得还是经典的（classical）。

我到了何陋轩，经典不要了，就是"今"了。这个"今"，不光是我讲出一个新的意境，这根本是我自己的，怎么说法呢？

我借着何陋轩这个题目，主要就是要表达：一个一个都是独立的。不要以为，有主有次……我这个墙，有它不同的作用，挡土啊，扩大空间啊等等，它有的高，有的低。根据它自己的观点，它自己的任务，它的作用，可高可低，它是完全独立的。

但是什么叫"完全独立"呢？自己有中心，自己有自己的center point（中心点）。center point，不是什么"定义"给定

＊设计时间为 1984 年。——编注

下来的，我自己有自己的 center point。

（2007 年 9 月 16 日）

我不是讲"建筑也可以讲话"嘛。"讲话"的方式是独特的，用"建筑空间"来表达。当然不是所有建筑都可以表达的。所有的建筑都要讲话，是不可能的，而且不必要。

到何陋轩的时候，功能不是主要问题，只是喝喝茶而已，不过如此。夏天乘凉，还是很阴凉的，通风都符合，坐着蛮舒服的。大家都愿意去坐坐。要求是这样的，正好符合我当时的心境。

（2007 年 7 月 18 日）

我这个何陋轩，可以讲是钻空子了，因为没人感觉这会有什么问题。竹子草顶的东西，会有什么问题呢？根本没人注意。连造好了，他们都没人批判我。那么我就胆子大点，写出了那话——我没有抗拒，我还写出来了呢——写这《何陋轩答客问》，去告诉他们，我是"独立的，可上可下"。

（2007 年 7 月 19 日）

其实，真正喜欢攻击我的人，他们水平不够啊——要真攻击我这个东西，我当时是吃不消的。你说，方塔园其他的是什么"精神污染"？我精神哪来的"污染"啊？绝对不是。宋朝的东西，绝对不是"污染"的，宋朝人只是表达开朗心情的。

（2007 年 7 月 18 日）

何陋轩，80年代之前，你没办法实现，80年代之后，也没办法实现，你今后也不一定能够实现。这是夹缝里头才能够钻出来啊——要有一个很好的甲方，以及一个相应的时代背景。做了以后，我也没什么懊恼了。

（2007年9月15日）

何陋轩，感性比理性强多了，跟条件有关系。这个建筑可以这样，但理性基础没有大破，其他建筑不一定能套用这个办法。夏天坐坐，吃点茶，可以啊。假使用墙围起来，变成冬天好用？傻了，没法变啊！那完全破坏了。

开始是不是全感性，还是有理性？不一定，总的是感性和理性混在一块的。要是功能不合理，我不会那样做的，那违背自己的思想。

现在看来蛮好，那么多人坐那儿喝茶。我看去方塔园的多数人最后都是去喝茶、乘凉，也符合我的总体考虑。你兜了一圈，先去看"古"的东西，已经走到这个时候，要休息，还搞一个亭子、走廊，那不符合功能，整个的艺术性也没有了。基础还是功能，不是没有。

何陋轩，在整个方塔园里感情最冲动、强烈，一挥而就。很多是后来想到的。我总觉得，设计是一步步的，这个太快了。我心里急着要快，因为不快可能又要拆了。我说，做好再讲，跟我思想符合，用简单材料很快做起来——这个原则不动的。

我不愿意解说，但我就是要解释给你听。像大门，造好了，要我拆，情况不同了，我就妥协嘛——北门那个"辅柱"

就是妥协嘛，到时候锯掉一点，还可以合理。表面合理还是可以，给人错觉是个"摇摆柱"，这个就是妥协。有些不愿妥协。

（2007 年 8 月 5 日）

二、总体构思

第一期设计时，何陋轩这个地方是准备摆一点建筑的，但还没想好摆什么建筑。后来反正也没钱了，就根本不动了。

第二期，要开发何陋轩那一块。人们都主张我搞一些亭子或廊啊，兜圈子。我心里想着：不行，分量不够。我想，无论如何要和天妃宫、楠木厅比，有一定的分量。所以就根据天妃宫的大小来设计，台基平面的大小相当于天妃宫平面的大小。也就是说，把它作为方塔园的一个点。

既然已经离天妃宫那么远了，而且人走完那个距离，视野也需要一个停顿。这个停顿，要跟几个大景点的分量相符合。所以说，它有一个"篷"在那里，就不要什么亭啊、廊子的。

另外，三层台基平面是转动的，把"变换的时间"固定下来。不同的方向轴线不同，这样的话，整个台基的空间就是变的——它既能够跟宋的味道呼应，又要有一种变动的东西在里面。它并不跟往常的那些功能矛盾很大，它的规模很简单，但有点东西的变化比较大。

那么，怎么个"篷"呢？不能花钱，所以就做竹篷，并且可以搞活一点，因为那个地方靠近南墙，应该与外面有呼应，是想象的呼应。当时从松江到嘉兴一带乡间有农舍，都是翘角的，弯得很厉害，而且有四落水。这"四落水"是别的地方没有的。一般来讲，乡间的建筑不准有四落水。当时我就有"想做四落水那样"的意思，但后来做着很不好看，范围的大小不配，所以还是用歇山。这样的话，屋顶弯了，其他的就都要做弯的，配合起来。

做了以后，有些细部，如屋架，用黑的、白的漆，这个我也有解释。屋架的整体结构，从建筑上讲起来，就是把节点突出。节点突出，就会使感觉上整体的结构稳定。我现在相反，把节点涂黑，把当中的涂白。那么在暗的屋顶下，暗的地方变模糊了，白的地方就跳出来了。白的就游离于结构整体，不是加强结构整体的环节，反而相反——脱离整体结构，那就是"飘动"。

这样的话，在这个屋顶下，如果白的都是断开的、能飘动的话，整个屋顶就很轻了，就是再大也不感觉压抑。原来设计时，是这个意思。现在，不该上油漆的地方都油了，假使我们现在要修的话，这些地方都要重新修一遍。

另外，那三层地面的三个方向，所有的柱子都在砖接头的地方竖立，这样砖头铆合起来方便，不破坏大的方砖。柱上或座位旁，放上一些灯，一个是加强方向感，一个是加强柱子在砖头地方的一致。这样更加强调柱子和台基之间的密切关系。

进方塔园北大门的那边，甬道一侧有曲线的低矮挡土墙，所以何陋轩这边我想用实实在在的弧墙。每个弧线的中心点都不同，而且标高也不同。这样倒很好，等于清出了一个基地，有些弧墙对面就是水了。

设计就是这样考虑的。

（2007 年 7 月 17 日）

三、时空转换

"时空转换"这个难理解。比如说何陋轩这两个弧墙，东边一个，西边一个，太阳是从东边到西边，因此照到东边墙面上呢，它就是完全黑的，西边是最亮的；到下午的时候相反，东边是最亮的，西边是黑的。当中的影子，也一直在变动。不是说"一下子变过来、变过去的"，它一直不断地变动。这两个墙的光影也不断地变动，这样组成一个不断变动的空间。

但是你在里头只待一下子，怎么知道？没感觉。应该有一定时间，所以空间要变化，或者是单体、水……对人总的感受的影响，有三个因素：一个是人的走动路线的长短，一个是时间，还有一个是变动的幅度。

（2007 年 9 月 16 日）

"总感受量"就是说在一定长度的时间里，同样的人，从他早上去，到晚上走，他总的感受。这个量是我们的总感受量。假使时间太短，他没感觉到变化，感受量就是零。

对于"总感受量"，你到一个地方，它里面引线的长短，这是第一个影响因素。第二个因素是你花了多少时间在里面，时间的长度。第三个因素，就是它里面的丰富性，空间变化幅度的大小。

假使两个人，在同一个园子里，时间也相同，都是在里头待了三个钟点，哪一个人走过的空间路线长，总的感受就大。

假定同样一个园子，同样的路线，我在里头待了三个钟点，而他待的时间很短，那他肯定是要比我这个的感受要少的。

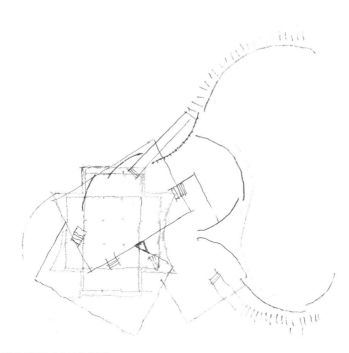

何陋轩草图（冯纪忠手绘）

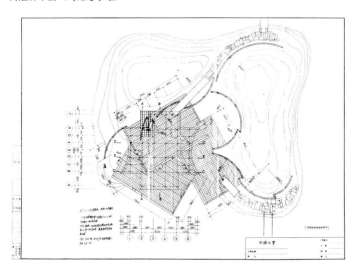

何陋轩平面图

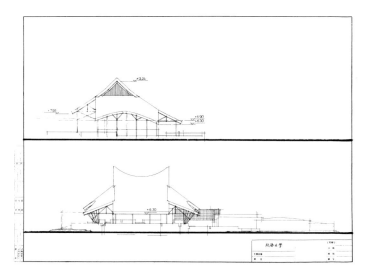

何陋轩立面图

　　如果时间都一样，引线长度都一样，像何陋轩，到那里就坐下，一坐就感受它的变动，一直到走，不是"从这个地方到那个地方"，那么这个引线一直是零，速度和引线这两个量为零，就靠"丰富性"来增加他的总感受量。

　　丰富性是怎么来的呢？就是里面的空间怎么变化，变化的幅度是怎么样的。何陋轩的这个空间变化，是不停地变，随时间一直在变，那加起来"总感受量"当然比人家多。就是这样的意思。

（2007 年 8 月 13 日）

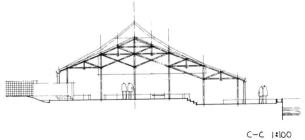

C-C 1:100

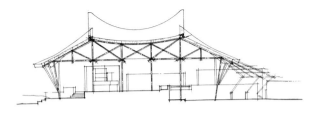

B-B 1:100

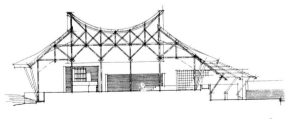

A-A 1:100

何陋轩剖面图

四、意动

我不敢说，何陋轩作用那么大，不过至少"动感"比巴塞罗那展馆大一点。同时，这个动感是随着我的"意"来的，我的"意"的变化是一个过程，如果它仅仅是一个结果，那好像还太单纯一点。

比方说，这三个台子，单个台子是不动的，但三个之间是变化的，而且它有一个动感，就是几个角度：30度、60度、90度。那时我的意思是，要表达出"我在选择方向，在改变"，这是有意的。它不是一个结果的效果，它是表达了这个意思。同时，弧墙跟这个影子的关系也是有意识的。那就复杂了，就不是简单的动感了。

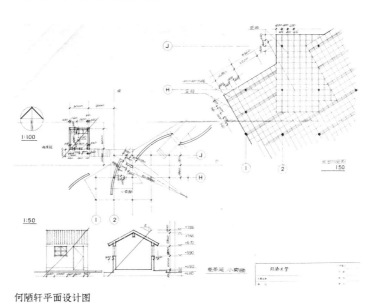

何陋轩平面设计图

我自己最满意的，是何陋轩。现在的问题就是，它维持得不好。当时做的时候也只是勉强，有的东西，比如竹子结构，没好好地再讨论一下，还有很多问题。但是不要紧，主题不在这个地方。

我的主题还是在几个墙面和几个地面的转弯，再顶上稍微有点弯弧，使得空间中光影的变化丰富些。那么总布局，跟整个环境的关系协调。这几点东西，也是因为任务的功能比较简单才能表达出来。功能太复杂的东西，我怎么表达呢？用不上去啊。

（2007 年 8 月 13 日）

何陋轩的这个台子，就是"意动"。把三个大小差不多的台子，相互转了 30 度：先转 30 度，然后再转 60 度。还是有规律的，也就是有意这样做的。最后定下来：建筑还是朝南。

（2007 年 7 月 18 日）

全园讲起来，每个建筑都朝南。这也是中国的传统，这个是不能动的原则。所以最后这个建筑放在三个动的台子上，朝南，下面是几个动的台子。

我讲它是"过程"啊——这样摆摆看，那样再摆摆看，它是个过程。实际上这几块，正好也显示出对不同状态稍微有一点彷徨的心理。

（2007 年 9 月 16 日）

中国的东西，比方说中国皇宫的布局，它的一条主线是南北向，而且旁边的太庙还是南北向。没有像外国，主体是南北向，左右是对着面，像我们的四合院。这是我们的传统，它摆在哪里都是南北向。因为我在哪里都放心，一定是南北向。主要表达：我到底应该坐在哪里，我要寻找我的方向。

（2007 年 7 月 21 日）

何陋轩所有的空间都是从"意动"去考虑，三层台子我就是引发意动。不光是台子，就连那个弧墙也在引发意动。所以一直由内"引发"到对岸。

你想，对岸设计的这两块弧墙如果后来没有做，就差了一点，所以这两块弧墙一定要有，所以无论如何要把这两段加上去。不要多，就这两块就够了，它是空间的延续。

不光是整个内部，包括外部——外面屋顶的屋脊和檐口的弧线，希望都是能够动起来。它们不是平的檐口，而是各自独立的弧线，这些都是为了引发"意动"。

（2007 年 7 月 24 日）

现在，一进来，我们看到弧墙，前面加了两棵树，弧墙就看不出来了。那不是一个，是两个弧，都朝内。一个高的，一个矮的。这样一来，高的、矮的都一样了，这就不好了——没有高下的韵律啊。

（2007 年 8 月 8 日）

五、台基

　　台基的方向，表示我在寻找方向，所以这个东西就可以转动。转动到最后，是正确方向——南北方向。房子是南北向，但过程是一个时间和空间相互定位的、相互变化的过程。所以，搭个台子，按照角度转，最后把方向确定下来。后来，我把它定义成一个"时空转变"，这样很多人就懂了。怎样一个时空转换？你决定不了，所以转变——一会儿先这样，一会儿那样，最后，房子还要符合真理，传统是定在南北，跟老远的其他建筑符合。我们没有脱离传统，没有脱离大众，因为最后是正规的南北向。

（2007 年 7 月 19 日）

　　这个台子变化，我现在也想不起来怎么做的。做了几种变化，最后还是这个好，为什么这个好呢？它有规律：30 度、60 度、90 度。有的是根据地形可以做变化，但是 30、60、90 度是一个规律，这个规律到最后才想起来——正好是这个三角板啊。我强调这个方向的变化。台子的每块方砖转的纹路更强化了这种变动。像这种细节的东西，我还是很在意的。

（2007 年 8 月 13 日）

何陋轩平台（冰河摄）

平台之间的踏步（王瑞智摄）

平台细部（王瑞智摄）

平台临水细部（王瑞智摄）　　　　平台铺砖（王瑞智摄）

六、竹构

　　何陋轩是竹结构，因为竹结构我过去从事过。解放后，院系调整，要大发展，学生多了，校舍都不够，那时候我们都是搭草篷上课。草篷是 50 个人一间房间，当初那个大的草篷作为饭堂。饭堂真正要开个大一点的会，就把这椅子、桌子搬搬。竹结构的问题，就是不能做这么大空间，我们没办法考虑。竹匠考虑这个问题，就随机应变得比较多。我们看来是随机应变，实际上他们有很多程式，我们不知道。所以当时我就照他们的意思去做，具体由竹匠来决定，我们就决定柱子的距离和数量。

何陋轩内部之一（冰河摄）

何陋轩内部之二（苏圣亮摄）

那时决定就是，柱子都是在砖缝里边。它要两层台基，这个台基是两个方向的，所有柱子都在缝里面，台基也在缝里的位置，房子好像是插到这两个台子上的。而且两个台子本身就是靠着的，你看柱子都是插在缝里头的。

它还是一个有组织的房子，不是一个随便的房子。因为这个，台子上得一条一条地铺地面，也是为了使方向更加明显，要这三个东西错开、错叠。

这个做到就够了，至于面上怎么搭的，就让他们去搭，因为我们决定不了。这个做了以后，就处理黑的、白的油漆。柱子是本色的，黑的是节点，杆件和柱子一道就是白的，这一列一列的节点的地方漆的是黑的，都被模糊掉了，主要是这个意思。

这个做到了，就是后来在施工当中没注意。下面的桁条漆成白的，把杆件的节点模糊掉了。其实，我的意思是不要白

何陋轩内部之三（冰河摄）

何陋轩竹结构（王瑞智摄）

的，这个节点也不要黑的，用本色。用本色有什么好处呢？更显明，这个白的一条一条地在上面飘着，我觉得对整个空间来讲更好一点。现在漆上白的，也还可以，基本上是这么回事。

（2007 年 7 月 19 日）

从外面进去，看惯了什么，看这么一个东西，感觉那么大一个空间，结构上头都是飘来飘去——就是"动"嘛，这是我们追求的。一般的建筑进去，去走三五分钟，给谁都是一样的感受。但是，现在这个建筑确实有这个条件，为什么？里头吃茶，起码两个钟头，老头去下棋，半天——一大早去，到吃中饭。看时间、天气，坐下来聊天、下棋。三个钟头过去了，三个钟头收集的总感受量可以有这个条件。

"总感受量"就是空间变化的复杂性，再想到开发时候的"旷""奥"。这个时候感觉到"时间"的问题，现在讲"时间跟丰富性的关系"。所以搞了何陋轩，我才写《时空转换》。

时间的问题，在建筑上就可以体现出来了。要求在建筑上体现的条件稍微难一点，好多建筑你用这办法不大容易。正好我碰到何陋轩，可以表达。

具体施工讲不清楚，做才行，在旁边还可以，你一走，人家做了。而且搞施工的工人还蛮起劲，他不是跟你磨洋工的，他是竹工，而且从来没有做过这样的东西。

底下台子都是这个情况。这个是方砖砌的条子，三个台子方向不同，很清楚，地面的方向感在变化。你说这有什么功能，有些自己编了。我讲你摆在那没错，将来有事，摆些电线，当中方砖是不碰的，如果电线要竖向接上去，就沿柱子上去了，不至于破坏整个气氛，不破坏方砖啊。除了方砖，没有别的东西需要钱，方砖还是需要一点钱。

这对做竹子的工人也是一次新的尝试，他也蛮高兴的，所以做得快，砌的东西都不错的。地面和边框砌得不是很规矩的话，立刻感觉就不同了，它就是要很平整。

（2007 年 8 月 8 日）

竹结构细部之一（王瑞智摄）

竹结构细部之二（王瑞智摄）

七、屋顶

何陋轩的基地整个就像一个岛，水基本上把它围合起来。东面已经到了外面的围墙，外面就是马路，所以这个地方比较"浅"啊。

我到那儿一看，觉得最好不要让人太注意这条界线，因为外面是一排行道树。所以想，在这里做一个草顶的竹构。屋顶的设计实际主要是围绕这个意思做的。

在这儿很自然地联想到一些东西。当时嘉兴这一带农村房子的屋脊，不少弯得很厉害，而且还是"四落水"。"四落水"在中国的其他地方，恐怕是很少的。农村的屋顶很少用"四落水"。

本来我是想做"庑殿顶"的，完全的四落水，但是后来觉得形状不很好，就改成"歇山顶"了，歇山顶上面还有一个三角。那个时候，民间还是用茅草的，草顶、瓦顶都有。后来是看不见了，现在我坐车还注意看看留下没有，结果是没有了。

何陋轩，我是想作为一个地方的延续。因为这个东西，假使你站在南墙外面看，或在南墙外的马路对面看，可能已经高于围墙，可以看到一点顶。如果再讲起来，从南边望整个园子，恐怕就看到何陋轩，因为它离围墙比较近。那儿还有一个塔，这两样东西看得到的。其他的恐怕都看不到，连大妃宫——因为也不过这么高、这么大，它离得远，视线已经看不见了。所以，何陋轩作为一个地方的延续啊，还是有可能达到目的。

何陋轩建成时，由东南方向看（冯纪忠摄）

何陋轩建成时，由西南方向看（冯纪忠摄）

弧墙与弧檐（冯纪忠摄）

　　草顶的脊线是弯的，所以平面也是弯的，草顶的檐口也是弯的。这个草顶，两边是弯的，什么道理呢？影子打到地下的话，底下有个弧线，跟旁边墙的弧线一起，不就变成一个变动的空间了嘛。

（2007 年 7 月 21 日）

　　屋檐为什么压得这么低呢？因为墙靠马路相当近，我不愿意让他一进门就看到很多外面的东西。本来设计的图纸上，这个地方的屋檐离地面只有两米八，后来造的时候具体一看，不需要那样，太低了，内部空间有压抑感。所以提高了二三十公分（厘米），差不多提高到三米一二的样子。这是总的屋檐高度。

何陋轩里的茶客（王瑞智摄）

　　这样一个大顶，不管怎么样可能都会有压抑感。所以杆件涂白，让它有浮动感，总有轻的感觉。到空间里面，不感到太压抑。

　　何陋轩的两边扩大了，跟室外联系在一块，实际上空间已经延伸出去了——往东西延伸，南北倒不是主要的。南北讲起来，看过去觉得不压抑就行了。

　　弧线不限于旁边的屋檐，而是属于何陋轩整个区，东面弧墙这儿正好还有一个呼应的，本来西面弧墙也有一块呼应，不一定说几面都要照顾到。一个东西表示一个范围，这样一来，何陋轩就属于一个区，而这个区还有进口，还有水，总体属于方塔园。应该说，它还是能表达出，这是一个整体里的一个局部。

（2007 年 7 月 18 日）

何陋轩南向压低的屋檐（王瑞智摄）

八、四方墙的厨房

何陋轩的北侧做了一个四方墙的厨房。厨房从功能上讲，不能是草顶，对防火不利，我希望用方和整个何陋轩的曲相对比。

四方墙的厨房很小，跟何陋轩大的结构，独立而互相结合。四面都是方的，开口处为门窗，都是一样的。

屋顶要泄水，所以屋面做成斜面，斜面有个沟，我把这个屋檐露出来了。整个就这么一个方整的东西，其他都是曲线。

（2007 年 7 月 24 日）

建筑底下都是实体了，也要是一片一片。何陋轩是弯的，这厨房要直的。弄得独立了，蛮有现代感的。

假使把厨房窗子换掉，有格子，就是钢窗，一片玻璃，感觉更好。假使墙面和它平齐，那就更好，窗往外推一点，有一个玻璃的面。如果再来设计，不一定完全这样。这样的做法没错，加大一点，厨房需要储藏，门就要大一点，面积要大一点。人多了，做一个小休息室，再加一个方的也可以。时代不同了，如果现在做，钢窗也可以用上了，那时候没有。

（2007 年 8 月 9 日）

厨房

厨房现状（王瑞智摄于 2018 年 12 月）

厨房原来大概是混凝土的顶，那倒无所谓，不是瓦顶也可以，现在我想修正的话，不如重新设计一下。设计还是这个意思，不一定非"方"的不可，反正都是直线的。但是他们也不愿意改啊，所以没动。

但后来厨房不够用了，他们就扩大，又改成草顶，也不跟我们讲，所谓"加大"，其实等于拆掉重新来。

（2007 年 7 月 24 日）

九、弧墙

弧墙的设计，我自己的解释就是：它是一块块，独立的。我举个例子，就像下围棋，是黑白棋子，不像象棋，"象"注定是"象"，"士"注定是"士"，"马"注定是"马"。我说应该是围棋，"放在哪里，就起哪里的作用"。它既然是遮挡基地的尽头，就有它自己的用途：能上能下，有高有低。我总觉得，不要把它看死了，应该有独立性。这样就可以解释一些东西，空间也就比较有意思了。

弧墙不像直墙，影子打上去，是不动的，弧墙是变动的，即使你凹的话，它随时变动。有时候，弯的东西让时间跟它的光影一起变动，所以时间与空间的变化是一致的，是永远变化着的。

既然一道墙是变化的，那么如果摆好多墙，当中的空间就等于一直在变化。这个变化，不是说"隔时间而变"，而是"无时不变"，那就有意思了。

我的意思是这样，至于能不能达到这个效果，又是另外一回事。我想象的这个东西，是有一点可能的。假使做其他东西，我也可以用这个方式。

（2007 年 7 月 17 日）

整个屋面都是弧形，影子打到地下的话，底下也有个弧线，弧线跟弧墙，就形成一个空间了嘛。

这个我想，是巴洛克的味道。最初巴洛克是在意大利，有一个叫四喷泉圣卡洛教堂，是最早的巴洛克架式。这之前的房

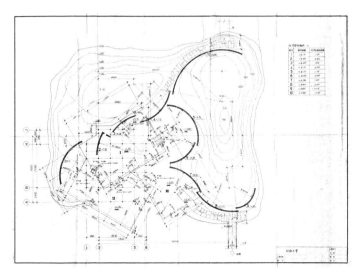

何陋轩弧墙设计图之一

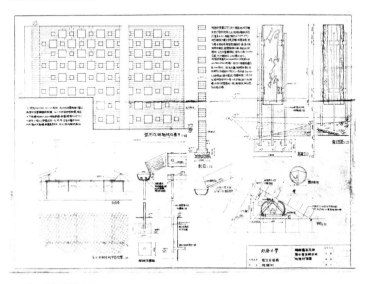

何陋轩弧墙设计图之二

何陋轩入口（冯纪忠摄）

弧墙之一（王瑞智摄）

弧墙之二（王瑞智摄）

子，它的光是向内聚集的，到了巴洛克的时候，它就要向外了。从历史讲，又是符合政治的东西，它要扩充到外头。

所以，何陋轩的檐口跟外面的东西形成一个空间了，它趋向这样的一个对外的环境。屋顶的线跟墙面的线都是对外的。

四喷泉圣卡洛教堂，一看就清楚，是意大利的，我想应该是波罗米尼设计的。那时候是两个人，一个是波罗米尼，一个是伯尼尼。他们还不能讲是"巴洛克的最开始"，应该是"早期巴洛克"。米开朗基罗被称为"巴洛克的父亲"——巴洛克还没生出来，他就已经有巴洛克的味道了，巴洛克是从他开始的。到了波罗米尼和伯尼尼，才真正是巴洛克了。巴洛克最早是到维也纳，在维也纳时到达鼎盛期。所以我对"空间"的想法啊，其实有点想到这个东西。

当然，在屋檐这个地方还不那么明显，我后来就解释：如果有两个墙，面东、面西的墙——太阳从东面出来的时候，面东的墙面是亮的，而最亮的是凸出的一块；慢慢地，它不大亮了，因为已经不直接对着太阳，那么，墙面到了中午的时候，中间看上去很亮，面东的基本上就不亮了；到下午的时候，它变成暗面了。而面西墙则相反：早晨的时候全部都是暗的；到了中午的时候开始慢慢变亮，大部分还是暗的；到太阳在西边的时候，它完全亮了，当中最亮，两边慢慢地淡了；太阳下山了，就只有一点是亮的，剩下的都是暗的。

两个墙面正相反，这个墙面亮的时候，那个墙面是暗的。因此当中这个空间，就变成从早到晚一直在那里变化。应该有那个感觉，因为它在地上还有影子。这个时间的变化，不是阶段性的，不像一个平面的墙面，整个是亮的，线条是在变动，但它是画面的变动，不可能连续地对空间起作用，它对空间的作用是阶段性的。但我那个弧墙呢，它亮的部分本身是不断变化的，其中的空间也是不断变化的，因为地面也变化，墙面也变化，是逐渐变的。如果在里面的时间多，比如我下棋时根本不注意这个墙面啊，我一门心思地看棋，那么，时间多了，这盘棋下完了，哎呀！好像变了。当然有点强调了。但这个讲起来是渐变的，是不断地渐变。

所以我讲，从时间变成空间，从空间变成时间，它起这么一个作用，就是"时空转换"。那么整个建筑，它就是变的。因为影子是变动的，给你的感觉就是一个变动的东西，这当然还是有点趣味的。但是这里面，我把墙变成一块一块的，不是一个自由的曲线。

在北门进来看到的花坛，我取了一个曲线，那个曲线是完全自由的。何陋轩的曲线不同，它每个曲线都有一个中心点，一个半径。中心点、半径都不一样——它们是独立的，要变化也是独立地变化。另外，高低也不同，因为它们断开了，高低也就一个个独立，完全自由了。它们的功能可以不同，也可以根据不同的功能再取一个曲线。它们互相之间自由了，因为断开以后，它本身有它的中心，思想上讲起来，就是自由的。摆它做什么用？它应该可以根据需要，来决定它自己的高低、半径、大小等。

所以我就举个例子，它不是"象棋"，是"围棋"啊。为什么"象棋"我不赞成呢？因为象棋老早就写好了——"士""帅""兵"，是注定了。它应该是"围棋"，黑白子，你给它"拣捡"，它就"拣捡"；你给它"布局"，它就"布局"；

你给它"打劫"，它就"打劫"。它的作用是可以完全独立安排的。所以，我就想，要怎样能把我讲的话表达出来，表达对人生的一种看法？对人生，通过"空间语言"来表达——相互间各自的独立性，相互间根据功能不同的需要，来做它的外化啊。这样，它的内容外化出来了，被人所感到。

刚才说的曲线，变成空间上相互呼应的曲线——草顶的曲线跟底下弧墙曲线的呼应。然后这个曲线跟欧洲，特别是巴洛克时期的空间相像，它是向外的。不像过去的建筑，空间是朝里的，它有个中心，中心上头有个点，空间聚在一个点上。过去从圣彼得开始，四周还有辅助的向内的点，而巴洛克的曲线都是圆心在外面。

巴洛克的时候，教皇跟群众见面不是在里面的中心点，而是到了大门口，所以，教堂外边就有个廊，围成一个空间。这个空间变成一个主体，把内部空间扩大到外部去。所以大家聚会，这个中心点站着教皇。

过去，教皇是在教堂当中，站着讲教啊，大家楼上楼下不管怎么样，都在听他讲，后来他下来以后，从中心点往前面还要走一段路。两边的人像我们结婚的时候一样，出来进来，在那儿有一条线，大家等于是来朝拜他。到了巴洛克，不够了，他就一直到外面广场，在大门口，大门是中心点了，这个空间扩大了。正好，历史上是扩张时期——意大利、法国、奥地利、英国、荷兰、西班牙（都在扩张）。所以，艺术和政治也是结合的。

但是我不是因为这个，而是自然而然地考虑到空间的"外延"。

（2007 年 7 月 21 日）

弧墙与弧檐（王瑞智摄）

十、色彩

进门的镂空墙应该是刷黑的，但是洞里头应该是白的，背后全都是白的，这是对比了。一黑以后，就变得敞亮一些了。

柱子不都是白的，仅仅柱子跟杆件交接的地方是黑的，剩下竖的才是白的。其他的是本色，顶棚的桁条也是本色。

几年前去过一次，油漆的颜色都变了。本来柱子全都是本色，柱子和杆件接头的地方都是黑的。我解释：为什么我们钢筋混凝土结构，在一个建筑里面要把节点弄出来，而且要很醒目、很整齐有力？因为节点一有力，才能把整体的稳定性强调出来。何陋轩相反，要把这个变黑，变模糊一点，实际模糊得没那么厉害，在暗的空间里面把整个涂黑，而且是节点，叫"模糊、弱化"。弱化，杆件就比较飘浮了——人就会感觉白的一段东西在一个空间里面飘浮，就感觉结构也是飘忽的，整个屋顶变轻了。两个斜撑是底下的，是本色的，因为它们辅助柱子。上面的杆件涂白色。横的杆件倒是对的，也是涂白色。因为它属于结构，为了让屋顶"飘浮"啊，就这样做。属于屋顶的结构都是黑白，属于柱子的是本色。

（2007 年 7 月 24 日）

何陋轩与方塔（冯纪忠摄）

稿

同济大学
TONGJI-UNIVERSITÄT
上海 中国
Shanghai, China

冯纪忠就何陋轩有关问题致管理部门信

114

十一、修旧如故

建成后，屋顶草皮一直太薄，现在更薄了，这个要厚才好啊。

（2007 年 7 月 24 日）

方塔园我最近去了一次，是从东门进去，主要就是看了下何陋轩。那么其他的来不及了，因为天气太热了。

东门进来，到了垂花门，回头就到何陋轩。坐了一会儿，仔细看了一番，有些东西跟我原意不同，或者是破坏了原意。

但是我们搞了一个模型，这个模型肯定是正确的。将来不管怎么样，何陋轩简单得很，就是再搭起来，也未尝不可。

但是不能脱离原来我那个原则——修旧如故，以存其真。

（2007 年 9 月 14 日）

那时候，南斯拉夫有个建筑师，我根本没碰到过。他叫我提一个建筑，我就把何陋轩给他。他在南斯拉夫办一个展览，每个国家一个代表作，展览上他们给了每个国家一个奖。我没得到什么奖，只是告诉我，这个国际展览包括我，整个得了一个奖。然后 1991 年，他又给我写信了，说整个展览又到纽约展出。我没去，可能是 1989 年春夏之交的时候。那个时候在美国展览，没有奖不奖的问题，就是选代表作把我的选上去了。

（2007 年 7 月 27 日）

何陋轩模型（图片来源：冯纪忠）

何陋轩模型（图片来源：冯纪忠）

何陋轩答客问[*]

松江方塔园规划中为了从东南部取土，顺应土丘竹林分布原状，凿河北通方池，西接河汉，构成连贯水系，而东南形成了一个景区，拟建简单竹构的饮茶休息设施。

记得三年前曾有客与笔者来游。信步过土埂，登小岛，披着没膝荒草，打量着地势，客高兴地说："是个好去处，略施些亭榭廊桥，真是别有洞天。"笔者想了一想，没有说什么。

后来，总算经费有了着落，一个竹构草顶的敞厅，一波三折，差强人意，将要建成了，姑名之为"何陋轩"。

客恰好又来游，一同过小桥，绕土丘，进入竹厅。客愕然良久，讪道："园里这一圈，可真有些累了。"笔者应道："坐下喝杯茶再逛罢。久动思静，现在宜于静中寓动，我设计时正是这样想的，不然的话，大圈圈之中又来一小圈圈，那不就乏味了。"

客道："原来这就是不采取游廊方式的道理。这个厅确也阴凉轩敞。游廊在楠木厅那里已经有了嘛。"

笔者道："那里不同，那里是游览主体广场之后，收一收神。"

跟着笔者指点着介绍说："全园有几个重点单位，除了主

＊原载于《时代建筑》1988 年第 3 期。——编注

体文物宋塔、明壁之外，有天妃宫、楠木厅、大餐厅。这个竹厅在尺度上和方位上需要和那些单位旗鼓相当，才能各领一隅风骚罢。看！竹构结点是用绑扎的办法，原拟全无榫卯，施工中出于好意，着意加工，显出豪式屋架的幽灵难散啊。"客道："竹子施漆，是否想在朴实中略见堂皇，会不会授人以不伦不类的口实？"

笔者笑道："不论竹木，本色确是我素来偏爱的，为什么这里施漆呢？让我解释一下。通常处理屋架结构，都是刻意清晰展示交结点，为的是彰显构架整体力系的稳定感。这里却相反，故意把所有交结点漆上黑色，以削弱其清晰度。各杆件中段漆白，从而强调整体结构的解体感。这就使得所有白而亮的中段在较为暗的屋顶结构空间中仿佛飘浮起来啦。这是东坡'反常合道为趣'的妙用罢！"

良久，客扫视四周，猛然诘问道："规律在哪儿？令人迷离惝恍，茫然若失，这又有什么说法？"

笔者笑道："果然好像吹皱了一池春水，倒很使人高兴。若说规律却是有的。"

"请先看台基：三层，依次递转30°、60°，似大小相同而相叠，踌躇不定的轴向正所以烘托厅构求索而后肯定下来的南北轴心，似乎在描述那从未定到已定的动态过程，这叫引发意动罢。方砖铺地，间隔用竖砖嵌缝，既是为了加强方向感和有利于埋置暗线，而且所有柱基落在缝中，不致破损方砖，又好似群柱穿透三层，而把它们扣住了。三层台基错叠所留下的一个三角空隙，恰好竖立轩名点题。"

"再看墙段：这里并没有围闭的必要。墙段各自起着挡土、

120

屏蔽、导向、透光、视域限定、空间推张等等作用，所以各有自己的轴心、半径和高度；若断若续，意味着岛区既是自成格局，又是与整个塔园不失联系的局部。"

客道："厨房忽然又是几个正方块，大概是求变化、求对比？"

笔者答道："也对，说是曲直对比、轻重对比，想象它是帆船的系桩、引鸟的饮钵，均无不可，但我想是为什么厨房非是附属的、次要的不可？"

总之，这里，不论台基、墙段，小至坡道、大至厨房等等，各个元件都是独立、完整、各具性格，似乎谦挹自若，互不隶属，逸散偶然；其实有条不紊，紧密扣结，相得益彰的。

客道："哦！这里包含深一层的观念。"

笔者应道："对。所谓意境，并非只有风花雪月才算。"

客道："我是清楚了，但是总不能经常依靠导游员解说吧？"

笔者答道："当然，那不可能也不必要嘛。一般，要欣赏戏，就得把戏看完；要欣赏乐曲，也得把乐曲听完，听完了也未必就懂。其实这都不用说。同样，只要有了了解建筑的意愿，那不也要花点时间和气力，进行独立体验，才能从无序发现有序，从有序领会内涵吗？另一方面，就多数人来说，来到这里是为了品茗闲谈，并不存心了解建筑，然而不自觉有所感受，却是事实。哦，我想这或许就是你担心令人迷茫进而受到一定影响的缘故吧！涉及建筑的感受问题，那是不能单谈建筑客体的，也要看主体一面罢。譬如，高峰绝顶，一览众山，荡胸沁脾，心情爽朗，这是诗人之所歌，哲人之所颂，上下古今，群体总合出来的常人之情。又哪里晓得，不是也有失魂落魄舍身一跃的吗？那是主体的内心世界不同嘛。再说近一点，当此园中的矼道建成的时候，不也有人怕它易于藏污纳垢吗？再说，为什么对无锡寄畅园的八音涧却没有听说什么叽叽？是古人风雅附庸者多吗？古人雷池难越吗？也许这样推度仍然流于书生之见。"

说着说着，日影西移，弧墙段上，来时亮处现在暗了，来时暗处现在亮了，花墙闪烁，竹林摇曳，光、暗、阴、影，由黑到灰，由灰到白，构成了墨分五彩的动画，同步地平添了几分空间不确定性质。于是，相与离座，过小桥，上土坡，俯望竹轩，见茅草覆顶，弧脊如新月。

客道："似曾相识。"

笔者道："是呀，途中松江至嘉兴一带农居多庑殿顶，脊作强烈的弧形，这是他地未见的。据说帝王时代民间敢用庑殿是冒杀头之罪的，其中必有来历，那就有待历史学家们去考证了。这里掇来作为设计主题，所谓意象，屋脊与檐口、墙段、护坡等等的弧线，共同组成上、下、凹、凸、向、背、主题、变奏的空实综合体。这算是超越塔园之外在地区层次上的文脉延续罢，也算是对符号的表述和观点罢。"

客点头道："我有同感。符号怎能趋同，不是贴商标，不是集邮票，也不是赶时髦。"

笔者道："农村好转，拆旧建新，弧脊农居日渐减少，颇惧其泯灭，尝呼吁保护或迁存，又想取其情态作为地方特色予以继承，但是又不甘心照搬，确是存念已久了。"

客道："这样看来，小岛设计的灵感盖出于此啰？"

笔者答道："也可以这么说。就艺术创作活动一般来说，意念一经萌发，创作者就在自己长年积淀的表象库中辗转翻腾，筛选熔化，意象朦朦胧胧地凝聚起来，意境随之从自发到自觉。从意象到成象而表现出来，意境终于有所托付。建筑设计更多的情况是，结合项目分析，意象由表象的积聚而触发，在表象到成象的过程中，意境逐渐升华。不管怎样，三者互为因果，不可分割。我们争取的是意先于笔，自觉立意，而着力点却是在驰骋于自己所掌握的载体之间的。"

"至于这个方案，那是逐渐展开的。举一点来说：本来因为南望对岸树木过于稀疏，所以有意压低厅的南檐，把视线下引，而弧形挡土墙段对前后大小空间的形成，原是出于避开竹林，偶尔得之的，却把空间感向垂直于厅轴两侧扩展了，纵横取得互补。我总觉得，一片平地反而难作文章……"

客笑道："提起文章嘛，这一番动定、层次、主客体、有无序等等的议论，不觉得似有小题大做之嫌吗？"

笔者不以为然道：《二京》《三都》俱是名篇，或十年而成，或期日可待，禀赋不同，机遇不同，不在快慢。子厚《封建论》，禹锡《陋室铭》，铿锵隽拔，不在长短。建筑设计，何在大小？要在精心，一如为文。精心则动情感，牵肠挂肚，字斟句酌，不能自已，虽然成果不尽如意，不过，终有所得，似属共通，发而为文，不是很自然的吗？"

客仍坚持道："小题终究是小题，大题谈何容易！"

笔者语塞，嗫嚅道："噢，噢，非我这钝拙孤陋者所知。"

时空转换[*]

——中国古代诗歌和方塔园的设计

方塔园的规划设计一晃二十年了。既然指名要做个介绍，我就权充讲解员给诸位导游一遭罢。早经《建筑学报》《时代建筑》发表过的内容尽可能从略了。

关于我设计这一文物公园的手法只提一点，那就是对偶的运用。且不说全园空间序列的旷奥对偶，还在北进甬道两侧运用了曲直刚柔的对偶，文物基座用了繁简高下的对偶，广场塔院里面用了粉墙、石砌、土丘的多方对偶，草坪与驳岸用了人工与自然的对偶。与园已多年不见，这一次重会，园的蓊郁与我之龙钟又是多么有趣的对偶啊！对偶真是我国突出普遍的文化现象，春联、喜对、成语、诗文处处都是。而对偶其实可以分为两种性质：一是通常叫的对比，二者比照，以见高下，厚此薄彼，爱憎分明，甚至激化到像杜甫的诗句"朱门酒肉臭，路有冻死骨"；另一是两两对照，相辅相成，和谐统一，"乾三连坤六段"由来可久远了。

诗里面对偶或称对仗，对仗的运用则又可分为不同的层面。举例来看：

＊根据冯纪忠先生 2001 年 5 月在杭州、安徽等地建筑学会上的讲演整理而成，后载于《设计新潮》2002 年第 1 期。——编注

韩翃诗句："落日澄江乌榜外，秋风疏柳白门前。"似属画面色调的对举而已，这是第一层面。

王维诗句："声喧乱石中，色静深松里。"声喧与色静就不光是物境了。后面还有两句："我心素已闲，清川澹如此。"原来前两句是后两句心境的外化，主客交融，这是第二层面。

王维诗句："白水明田外，碧峰出山后。"写雨后初晴。雨时一片灰蒙蒙，乍晴，天光一亮，岸、林、山峦都仍然昏暗不变，而水映天光忽然亮了起来，初春苗稀，田里又微微亮些了。而画面上最高处，亦即最远处，斜刺里受光的碧峰好像从山后岸然显现了出来，诗人这时犹如好友重逢般喜悦。这是仔细品味"明""出"两字可以感觉到的，而诗人自己并没有像前例那样明说，这是第三层面。

李贺《雁门太守行》："黑云压城城欲摧，甲光向日金鳞开。"云是轻的却足以压城，日照甲上却说鳞光向日而开，主副词倒置。黑云与金光强烈对比，云的虚散性和金光的穿透性，云的下掩和光的上射，多方面映发着敌气虽然嚣张，而我军士气昂扬必胜的大局。我们看到两个反常合道的对偶意象的展现，多么有力地惹人寻思求解，这是第四个层面。

对偶若一强一弱，一明一暗，诗中也有不用对仗而用衬托法的。例如杜牧《山行》："远上寒山石径斜，白云生处有人家。停车坐爱枫林晚，霜叶红于二月花。"寒山青黛衬托着霜叶火红，多么鲜明。而"寒"字下得似不经意，"晚"字还藏着山的阴面、枫的背日那双重含义在内，耐人寻味，也属第四层面。

前面提到"意象"一词，那么出于物象、表象、意象、心象以及意境、境界种种名堂的纷至沓来，我们不得不抠抠字眼了，可又不想从概念到概念，让我姑且举个例罢。

郑板桥画竹有所悟，他说："晨起看竹，烟光、日影、露气，皆浮动于疏枝密叶之间，胸中勃勃，遂有画意，其实胸中之竹，并不是眼中之竹也，因而磨墨展纸，落笔倏作变相，手中之竹又不是胸中之竹也。"

他说的"胸中勃勃"就是生情，这时物象之竹已被筛选淘汰，所谓"澄怀味象"，情与物恰而刻画为表象之竹，铭记于心，所以表象之竹绝不是什么简单的表面现象。这个表象再经"意"的锻造和技法的锤炼，或许其间还要借助于其他表象的渗透和催化，才呈现出意象之竹。意境生于象，这里"象"主要是指意象，但也可指表象的并置叠加。意境自身却没有象。意境指诗境或画境，而境界指的则是作者的风神气度，那是从意境中流露出来的。那么回过头来看，所谓对偶只是意象运作的技法，其他如隐喻、双关、联想、变形、背反、嫁接、错觉、夸张、错位等等都是技法，而技法贵在为深层含义服务。

接着他说："意在笔先者，定则也。"无意之笔只能是照相机、复印机。什么是"意"？或许有人以为"意"就是意境，若果真如此，那么表象岂不只能向预设的意境迎合？那还有什么意境的"生成"？所以这么说不够确切。"意"者，意念也。

意念含有两个成分：理性与感性，逻辑与审美。当然两者多少有些侧重，决定于作者的境界。这么说"意"不同于意境，区别何在？我认为"意"可以说是朦胧游离的渴望把握而尚未升华的意境雏形。意象还要经过安排组合，寻声择色，甚至经受无意识的浸润而后方成诗篇画幅。

他后面还有一句话："趣在法外者，化机也。""化"字什么意思？物化、大化、化生、化工、化育、化境，哪个？其实就是物象化表象、表象化意象、意象生意境嘛。"趣"字呢？"趣"就是情景交融、物我两忘、主客相投、意境生成的超越时空制约的释然愉悦的心态，所以意境是"意与境相交融"（引用《辞海》）的说法也是不着边际的。

我们建筑师不是从在学到从业都在不断的"化"中生活吗？有甚者夜以继日地化，化得寝食难安，从任务书化到图纸，从二维化到三维，虚化而为实，实化而为虚，哪有不懂"化"字的呢？化并非玄虚得不可捉摸，只是我们要达到"趣"何其难啊！建筑不论创作还是解读都有可能遇到主观的不化或客观的不化，诚不若于读诗文中寻趣，其乐无穷。

试举两例。苏东坡《念奴娇》："乱石穿空，惊涛裂岸，卷起千堆雪。"先看，"卷起千堆雪"是说心潮似涛而涛似雪，这还停留在"比"。"乱石穿空"有译家一见"空"字即刻联想到天际，于是把乱石译作乱峰，显然是错误的。乱石是江中大大小小散布着的矶屿之类，浪触乱石，或漫石而过，或受阻而溅，此喷彼落，此没彼现地构成了散乱的穿空似的动象，外化了心潮的澎湃。"惊涛裂岸"，涛退岸痕出，似为涛所裂，写的是力度，多么惊人的印象。有人或许是不理解其中逻辑，认为裂岸怕是"拍"岸之误，不知细想，江岸裂痕哪一道不是自然力万千年刻画出来的呢？诗人词客只是把瞬息和亘古加以意识化了，这叫作"时空转换"。这些绘声绘色层出不穷的动态意象激起了词人的怀古幽情和人生感慨，"浪淘尽，千古风流人物"。

李白《秋浦歌》："白发三千丈，缘愁似个长。不知明镜里，何处得秋霜。""三千丈"今张过头了吗？出于激情可以原谅吗？一次理发，闭目养神，猛有所悟。第二句的重音不应落在"愁"字上，而是落在"缘"字上的。"缘"字不应作"因为"解，而应作"顺着"解，愁顺着发而生，沿着发而长。设想白发剪一次一寸，一年就是一尺，十年就是一丈，一头白发又何止三千根？根根相续，总长何止三千丈？以发的长度测愁的久长，真是妙绝千古的时空转换意象。有人会说诗人不过是信手拈来而已，我说不是，有没有证据呢？有，末句。何"处"得秋霜而不用何"时"得秋霜，何"处"是空间，全诗无一丝"时间"痕迹，不是有意不露吗？更妙的是秋霜宿夕而来，化得又快，不正是"久长"的反义？

凡艺术有历时性和共时性之分，而两者都谋求反向趋同，建筑何独不然。一如诗画，谋求转换，粉墙花影，花与墙不动，而花影则随时间的推移而动，这是二向度的变。再如一组空间，流动其中，步移景异，随着滞留长短，流向不同，次序不同，而空间序列的韵律不同，这是人动的变。能更超越一步吗？值得尝试。何陋轩就是抱着这一愿望进行设计的。

何陋轩茶厅在方塔园东南角小岛上，岛自北而南微倾，标高距水面平均1米，东部土丘占了岛的三分之一面积，下面仅就设计构思中时空转换方面做个介绍。为了挡土和限界空间用了半径与高低都不等的一些弧段墙体。弧墙面正对光则亮，背向光则暗，不言而明。而侧对光呢？那就不论凹面凸面，都是从一端到另一端如同退晕似的由明趋向阴或由阴趋向明，而且这段墙面若是朝南的话，一日之间两端的明和阴持续渐变到最终相互对调。再想，若有两个凹面东西相对的话，那么一日之间这两个界面之间的空间感受不是无时不在变动的吗？不但如此，一方弧墙的地上阴影轮廓更是作弧线运动，而和对面弧墙体不动的天际轮廓之间一静一动地构成了持续变动的空间感。此外，何陋轩还就近借助两侧弧形檐口，各与本侧弧墙之间同样取得这种效果，这就大大不同于平面线性的变化，而是把时间化为可视的三向度空间。正因为茶厅的特定性质，人的滞留并不短暂，可以想象一壶茶一局棋前后，这种正反、向背、纵横、上下交织的，无时无刻不在变的效果是可以感受得到的。

何陋轩作为全园景点之一，就应具有一定的分量才能与清天妃宫、明楠木厅遥相呼应，所以它的台基面积采取大略相当于天妃宫的大小。三层这样的台基依次叠落递移30°、60°，好像是在寻找恰当的方位，而最后何陋轩却并未按三层台基的选择，而决定继承南北轴向的传统跨在三台上面。这种类似间歇录像记下了操作过程，或说是把意动凝固了起来，不是另一种时空转换吗？

于是台基、弧墙在整个变奏之中刚柔应对，相得益彰。三层台基错叠还留下了一个空隙，恰好是我们熟悉的三角板形，轩名柱就应立在这儿罢。至于元件，都取独立自为、完整自恰、对偶统一的方式及其含义与观感，以前做过一些介绍，这里就从略了。

编后记

    2007 年 7 月到 11 月的五个月里，冯纪忠先生的女儿冯叶小姐、冯先生的首位博士生赵冰教授、赵冰教授的博士生刘小虎等人，主持组织安排了十余次对冯先生的采访。这部分采访经过整理编辑，结集成《与古为新——方塔园规划》一书，由东方出版社于 2010 年 3 月出版发行。

    本书就是以《与古为新——方塔园规划》部分内容为底本，同时参阅《冯纪忠百年诞辰研究文集》等资料重新编辑的一个文本。需要交代的有：一、正文段落文字后括号内的日期，是当年采访冯纪忠先生的时间；二、"编注"是本次编辑时所加；三、订正了底本极个别的疏漏；四、增删了部分图片，重新设计了书籍装帧；五、《何陋轩答客问》《时空转换——中国古代诗歌和方塔园的设计》是冯先生关于方塔园（何陋轩）的两篇特别重要的文章，所以作为附录收入。此外，还要特别感谢冯叶小姐、赵冰教授、刘小虎教授等当年所做的采访整理以及对这次编辑出版工作的支持。

    如果可以，我想在每个章节的开头，加上"如是我闻"四个字。我认为，冯纪忠先生的这本"记"就是留给后世的一部"经"。

虽无缘"声闻弟子"，能读到，已经有福了。

王瑞智

2022 年 3 月于北京中关园

图书在版编目（CIP）数据

造园记：与古为新方塔园 / 冯纪忠著 . -- 长沙：
湖南美术出版社 , 2022.11
　　ISBN 978-7-5356-9887-2

Ⅰ . ①造… Ⅱ . ①冯… Ⅲ . ①古典园林—介绍—上海
Ⅳ . ① K928.73

中国版本图书馆 CIP 数据核字 (2022) 第 162829 号

造园记：与古为新方塔园

ZAO YUAN JI: YU GU WEI XIN FANGTA YUAN

出 版 人：黄　啸
著　　者：冯纪忠
策 划 人：王瑞智
责任编辑：王柳润　曾凡杜聪
书籍设计：张弥迪
责任校对：侯　婧
制　　版：杭州聿书堂文化艺术有限公司
出版发行：湖南美术出版社
　　　　　（长沙市东二环一段 622 号）
经　　销：湖南省新华书店
印　　刷：浙江海虹彩色印务有限公司
开　　本：889 mm × 1194 mm　1/32
印　　张：4.5
版　　次：2022 年 11 月第 1 版
印　　次：2022 年 11 月第 1 次印刷
书　　号：ISBN 978-7-5356-9887-2
定　　价：78.00 元

邮购联系：0731-84787105
邮　　编：410016
网　　址：http://www.arts-press.com/
电子邮箱：market@arts-press.com/
如有倒装、破损、少页等印装质量问题，
请与印刷单位联系调换。
联系电话：0571-85095376

冯纪忠 著

王瑞智 编

旷奥园林意

湖南美术出版社

·长沙·

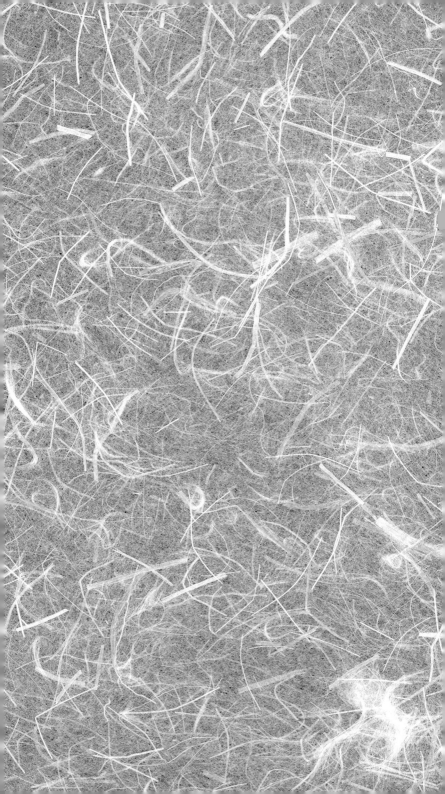

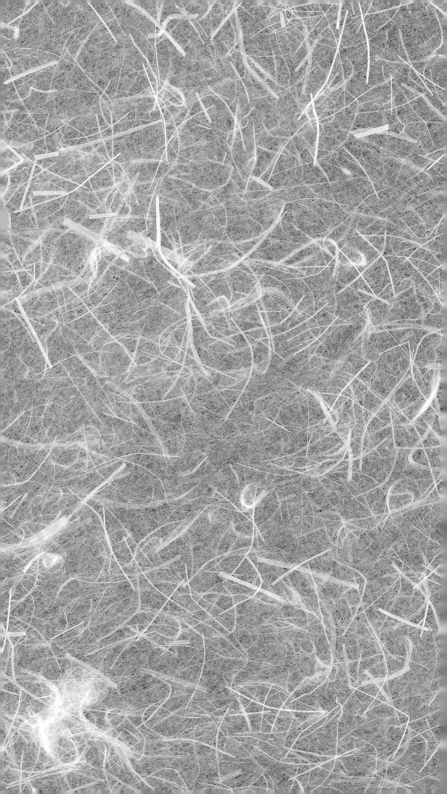

冯纪忠先生

"小题大做"

王　澍

　　在一些中国建筑师的心目中，冯纪忠先生占有特殊的位置。"文化大革命"和"文化大革命"以前的事情，在人们的刻意忘却中，早已成为过去，而冯先生在今天的位置，主要在于一组作品，松江方塔园与何陋轩。这组作品的孤独气质，就如冯先生骨子里的孤傲气质一样，将世界置于远处，有着自己清楚的价值判断，并不在乎什么是周遭世界的主流变化。

　　冯先生和这个世界刻意保持距离，这个世界的人们却也并不真的在乎他，我想这就是事情的真相。在同辈分量可比的建筑师中，他或许是获得官方荣誉最少的一位。他的后半生一直在同济大学执教，同济的师生提起他都像在谈方外仙人。

　　针对建筑本身的传承困难，则是另一种方式。20世纪80年代初，我在南京工学院（现东南大学）建筑系读本科。中国建筑学会建筑师分会苦于中国建筑缺乏有新意的设计，组织八大院校搞设计竞赛，项目是在青岛的"建筑中心"，实际上是建筑师的疗养院。南工很重视，组织博士、硕士为主的青年教师团队搞集体会战。那时，冯先生的松江方塔园已建成，何陋轩应该还没有建成，其中北大门是很轰动的作品。一夜，我偶然逛入建筑教研室，满屋子的学长在画图。见到我进来，有人就说，听说你最爱提批判意见，就评价一下我们的方案吧！我仔细看了图纸，地道的铅笔制图，很棒的铅笔素描效果图，让人佩服，但我一眼就见到冯先生的北大门赫然纸上。我就问，为什么要抄北大门呢？满屋哄笑。有人就说，看吧，终于有人说出来了！我就觉得自己像是《皇帝的新装》中说出真相的孩子。负责的学长就有点脸红，说冯先生的北大门设计得太好，实在想不出比那个更好的。

多年以后，我看到又有人抄了冯先生的北大门放在苏州环秀山庄一侧，则是后话。

从另一角度看，与当时冯先生和他的松江方塔园、何陋轩不存在相比性，抄冯先生的北大门，至少是对冯先生的建筑感兴趣的做法，尽管这样做没什么出息。

让我感兴趣的是，在现代中国建筑史上，冯纪忠先生处于什么特殊的位置。实际上，他可以被视为一类建筑的发端人。他的松江方塔园与何陋轩完成于1986年，从那以后，尽管冯纪忠先生一直在做设计，但再没有建成的。与这一时期中国建筑巨大的建设量相比，与这一时期他的同辈建筑师的高产相比，他的作品空缺意味深长。他在2009年离去，但我们对他作品的认识只停留在1986年的那个时刻。

二十几年后，仍然有一些中国建筑师对冯先生的松江方塔园与何陋轩不能忘怀，我以为就在于这组作品的"中国性"。这种"中国性"不是靠表面的形式或符号支撑，而是建筑师对自身的"中国性"抱有强烈的意识，这种意识不止是似是而非的说法，而是一直贯彻到建造的细枝末节。以方塔园作为大的群体规划，以何陋轩作为建筑的基本类型，这组建筑的完成质量和深度，使得"中国性"的建筑第一次获得了比"西方现代建筑"更加明确的含义。

用一组如此微不足道的作品，搞定一件大事，让人感叹。作品不在乎多，而在乎好。这就是为什么，当想为冯先生的何陋轩做一个展览，事先请几位朋友到何陋轩一叙，除了童明在上海外，董豫赣、王欣从北京飞来，葛明从南京坐火车赶来。我经常戏称他们都是所在学校的教学英雄，其实大家都很忙。到了方塔园，大家问我，为什么而来，接下来就一起大笑，不知道为何而来就已经来了，一切无需多言。

如果纵贯过去一百年的中国建筑史，真正扛得起"传承"二字的作品稀少。而这件作品，打通了历史与现在、大意与建造细节间的一切障碍，尤其在何陋轩，几乎做到了融通。80年代初，当冯先生做这个园子时，尽管面对诸多阻力困难，但刚走出"文化大革命"的他，必是憧憬着一个新的时代。他完全没有料到，自己在做最后一个落地的作品；也完全没有料到，自己会如此孤独，后继乏人。

这让我想起赵孟頫，书法史上，二王笔法由他一路单传，他身处文明的黑暗时刻。有人会问，不可能吧！那么多人写字，笔法怎么会由他单传？这里谈的不是形式，而是面对具体处境的笔法活用，克制、单纯、宁静、深远，其背后是人的真实的存在状态。在冯先生自己的文字里，着手方塔园与何陋轩，他是抱着这种自觉意识的，但他的周遭，早已不是那个宁静的国家，他对这些品质的坚持，对"中国性"的追索，是相当理想主义的。我想起梁思成先生在《中国建筑史》序中的悲愤，疾呼中国建筑将亡。实际上，那只是几个大城市的街上出现一些西洋商铺建筑而已。而当冯先生做这个园子时，已是"文化大革命"之后。当我们再见方塔园，则是这个文明崩溃之时。

我第一次去看方塔园与何陋轩，记得是1996年，和童明一起去的，正值何陋轩建成十年后。那种感觉，就是自己在合适的时候去了该去的地方。在那之前，我曾有过激烈的"不破不立"时期，对模仿式的传承深恶痛绝，甚至十年不去苏州园林，遍览西方哲学、文学、电影、诗歌等等，甚至90年代初，将解构主义的疯狂建筑付诸建造。记得一个美国建筑师见到我做的解构建筑，狂喜，在那里做了三个原地跳跃动作，因为美国建筑师还在纸上谈兵的东西，居然让一个中国的青年建筑师变成了现实。但也在那个时候，我桌上还摆着《世说新语》和《五灯会元》，书法修习断断续续，并未停止。漫游在西湖边，内心的挣扎，使我始终保持着和那个正在死去的文明的一线之牵。也许这就是我的性格，对一种探索抱有兴趣，我就真干，探到究竟，也许最终发现这不是自己想走的方向，但正因为如此，才明白自己想要的是什么。1996年，我重读童先生的《江南园林志》，发现自己终于读进去了，因为我发现这是真正会做建筑的人写的。也就是这年，我游了方塔园，见到何陋轩，发现这是真正会做建筑的人做的。

说得直白些，做建筑需要才情，会做就是会做，不会做就是不会做。从意识转变的线索，我们发现，和自己的转变相比，冯先生和童先生一样，经历了从热衷于西洋建筑到回归中国建筑的转变。但更重要的是，只有回归到"中国性"的建筑，当他们的才情与本性一致，他们才变得放松，才真正会做了。

我和童明、董豫赣、王欣、葛明一帮朋友坐在何陋轩里。在坐下之前，我们远观近看，爬上爬下，拍一堆照片，就像所有的专业建筑师一样。我意识到这一点，就拍了一堆大家在干什么的照片。冯先生在谈何陋轩的文章里，早就料到这种情景，但他笔锋一转，说一般的人，只在乎是否可以在这里安然休息。我注意到在这里喝茶的老人，一边喝茶，一边在那里醋睡。我们也坐下喝茶，嗑瓜子。被这个大棚笼罩，棚下很黑，坐久了，就体会到外部的光影变化；视线低垂，看着那个池塘，确实很容易睡着。一种悠然的古意就此出来。实际上，何陋轩本身就有睡意磅礴的状态，在中国南方的炎热夏日，这种状态只有身在其中才更能体会；或者说，冯先生在画何陋轩的时候，自己已经在里面了。与之相比，外部的形式还是次要一级的问题。五百多年前，唐寅曾有一句诗：今人不知悠然意。在今天的中国建筑师里，有这种安静悠然的远意，并且能用建筑做出的，非常罕见，因为这种状态，正是中国现代史花了一百年的时间所设法遗忘的。

方塔园与何陋轩是要分开谈的，从冯先生的文章里看，他也认为要把两件事分开，因为隔着土山和树，方塔与何陋轩是互相看不见的。从操作上看，冯先生先把这句话摆出，别人也不便反对，做起来就更自由。但更深一层，我推测是冯先生想做个建筑，毕竟方塔园只是个园子，北大门做得再好也只是个小品。另一方面，方塔园在前，冯先生的大胆实验让一些人不爽，就有人暗示在那块场地做点游廊亭子之类，以释放对没见过的东西的不安与焦虑。冯先生显然不想那么做，他想的东西比方塔园更大胆。他要做的东西是要和密斯的巴塞罗那德国馆比上一比的。这看上去有点心高气傲，但我想冯先生做到了。无论如何不能低估这件事的意义，因为在此之前，仿古的就模仿堕落，搞新建筑，建筑的原型就都源出西方，何陋轩是"中国性"建筑的第一次原型实验。冯先生直截了当地说过：模仿不是继承。

入手做何陋轩，冯先生首先谈"分量"，这个词表达的态度很明确，因为"分量"不等于形状。"分量"也不是直接比较，而是隔空对应，这种间接性是诗人的手法。冯先生的特殊之处在于他把抽象性与具体性对接的能力，他让助手去测量方塔园里的天王殿，说要把何陋轩做成和天王殿一样的"分量"。这就给了何陋轩一个明确的尺度、一个限定。这既是机智，也是克制。

"分量"作为关键词，实际上在整个方塔园发挥作用。借方塔这个题，冯先生提出要做一个有宋的感觉的园子，放弃明清园林叠石堆山手法。问题是，现实中没有可借鉴的实物，哪怕是残迹。史料中也没有宋园林的直接资料。造价很低，建筑仿宋肯定也行不通，于是，"宋的感觉"，就成为一种想象的品质和语言。这几乎是一种从头开始的做法，一种今天人们从未见过的克制、单纯，但又清旷从容的语言实验。在那么大的场地，冯先生用的词汇要比明清园林少得多，大门、甬道、广场、白墙、堑道、何陋轩，如此而已。他反复强调，这些要素是彼此独立的，它们都有各自独立清楚端正的品相，它们存在于一种意动互渗的"分量"平衡中。所谓"与古为新"，实质上演变为大胆的新实验。从他与林风眠的长期交往，到他自己善书法看，冯先生肯定是熟悉中国书画史的。历史上曾经提出"与古为新"这一理论主张的人物，最重要的有两个——元赵孟頫、明董其昌，都是对脉络传承有大贡献的路标人物。

更准确地说，冯先生所说的"宋的感觉"，是指南宋，在那一时期的绘画上，大片空白开始具备独立清楚的含义。南宋也是对今天日本文化的形成具有决定性影响的时期，许多日本文化人甚至具有这样一种意识，南宋以后，中国固有文明里高的东西是保存在日本，而不是在中国。当有人指出方塔园，特别是何陋轩有日本味道，冯先生当然不会买账。用园林的方法入建筑，日本建筑师常用此法，但冯先生的做法，比日本建筑师更放松，气息不同。在日本的做法中，克制、单纯之后，往往就是"空寂"二字，出自禅宗，我也不喜欢这种感觉，"空寂"是一种脆弱刚硬的意识，一种无生命的味道。冯先生以"旷""奥"对之。"旷"为清旷，天朗气清，尺度深广；"奥"为幽僻，小而深邃，但都很有人味。

"旷""奥"是一对词，但也会一词两意，具有两面性。方塔下临水的大白墙就是纯"旷"的意思，平行的石岸也是纯"旷"，冯先生下手狠，如此长的一笔，没有变化。而北大门、堑道、何陋轩，都是既"旷"且"奥"的，这里不仅是有形式，还有精神性的东西在里面，尽管在中国建筑师中，冯先生是少有的几个明白什么是"形式"的人。

我注意到，对视线高度的控制，冯先生是有意的，除了方塔高耸，其他空间的视线要么水平深远，要么低垂凝视。对于今天人们动不动就要到高处去看，他相当反感。

语言上的另一重大突破是细柱的运用。实际上，废掉屋顶下粗大梁柱的体系，也就彻底颠覆了传统建筑语言。就建筑意识的革命而言，这种语言的革命才是真革命。或者说，冯先生由此找到了自己的语言，在那个时期，这是独一无二的。我推测，对细柱的兴趣来自密斯。有意思的是，我书桌上的一本德国学者的著作，探讨密斯的细柱如何与苏州园林中的建筑有关，因为密斯的书桌上一直摆着一本关于苏州园林与住宅的书。

细柱被扩展为线条，墙体、坐凳、屋脊和梁架都被抽象为线，甚至树木，冯先生也想选择松江街道边的乌桕，因为树干细而黝黑，分叉很高，抽象如线。不知道冯先生是否见过马远的《华灯侍宴图》，我印象里，这张图最能体现宋代园子的感觉：一座水平的长殿，屋檐下为细密窗格的排门，隐约可见屋内饮宴的人；殿外隔着一片空地，是六棵梅树，很细的虬枝，飞舞如铁线；空地上，空无一人。

但我感触深刻的，还是冯先生对所做事情的熟悉，非常熟悉。2006年，冯先生回访方塔园与何陋轩，一路谈论，诸多细节回忆，点出后来被改得不好的地方，全是关于建筑的具体做法，甚至哪些树不对，哪些树长密了，不好，等等，和80年代他的文章比较，细节上惊人地一致。可以想见，做这个园子时，冯先生是何等用心专注。仔细读冯先生所写的关于方塔园与何陋轩的文字，就会发现，这是真正围绕建筑本身的文字讨论，这种文字，中国建筑师一般不会写。常见的状况是，要么为建筑套以哲学、社会学、人类学等等概念，以为有所谓概念想法就解决建筑问题，但就是不讨论建筑是如何做的；要么就是关于形式构图、功能、技术的流水账，还是不讨论做建筑的本质问题。实际上，很多出名建筑师只管建筑的想法，勾些草图，然后就让助手去做。冯先生对细节的苛刻说明他是一管到底的，这多少能看出留学时期，森佩尔、瓦格纳、路斯所代表的维也纳建筑师对他的影响，尤其是那种对匠艺的强调。而将城市问题和建筑一起考虑，使得方塔园的尺度意识特别开阔。最终，由何陋轩完成了建筑的类型实验。

如果说方塔园与何陋轩几乎是一种从头开始的实验，它就是摸索着做出来的。可能成功，也可能出错。说何陋轩是"中国性"建筑的第一次原型实验，是在类型学的意义上，在建筑语言革命的意义上，而不是指可以拿来就用的所谓方法。即使对冯先生，把它扩展到更实际的建筑上，也会作难。东大门要加个小卖部进去，尺度就出问题。生活里，冯先生是很好说话的人，人家要个窗户，他也觉得合理。做完了就后悔，觉得还是一面白墙更好。竹林里的那个亭子，照片上很吸引人，现场看就有点失望。但正是这种手法的稚拙，显现着摸索的鲜活。何陋轩的竹作，冯先生是放手让竹匠去做的，基本没有干涉，就有些意犹未尽。但我觉得恰到好处。物质上的做作越少，越接近原始的基本技巧，越接近普通日常的事物，反而越有精神性与超验性。实际上，二十年后，这组作品还保持着如此质量，说明它能够经受现场与时间的检验评判。

中国建筑要做到很高质量，需要理清学术传承的脉络。在中国美术学院建筑艺术学院，我主张培养一种"哲匠"式的建筑师。"哲匠"一词出自唐张彦远的《历代名画记》，他把之前的伟大画师都称为"哲匠"。这是关于如何做建筑、做哲学的传承，需要从最基本的事情入手。这就是为什么，我们今年春天为冯纪忠先生所做的不是纪念展，而是让青年教师带了一个课程。学生们亲手制作了何陋轩八十几个1:1的竹节点，做工精良。有学生按1:1尺度，以《营造法式》画法，用毛笔作节点制图，清新扑面。

在中国美术学院美术馆"拆造：何陋轩——冯纪忠先生建筑作品研究文献展"的开幕式上，冯先生的女儿冯叶说她没想到这个展览能做得这么好。我告诉她，想法是学术上的活的传承，既然只拿到冯先生作品很少的几张图纸照片，我们就直接从现场研究做起。之后她告诉我，2008年，冯先生到访过象山校园，没有打扰我。先生在象山校园看了一下午，后来坐在半山腰咖啡厅的高台上，俯瞰校园建筑，没说什么话，坐了两个小时。

目　录

园

"意在笔先"　　　　　　　　　　　　　003

方塔园规划　　　　　　　　　　　　005

何陋轩答客问　　　　　　　　　　　019

谈方塔园　　　　　　　　　　　　　029

"有法无式，敢于探索"　　　　　　　035

比较园林史　　　　　　　　　　　　041

景

"我们在理论上也有桂离宫"　　　　　075

教学杂忆　　　　　　　　　　　　　077

皖南好风景　　　　　　　　　　　　087

组景刍议　　　　　　　　　　　　　095

风景开拓议　　　　　　　　　　　　107

话语"建构"　　　　　　　　　　　113

诗

诗中有画   121

断章取义   127

柳诗双璧解读   129

门外谈   135

新解偶得
　——读李白、屈原诗词有感   147

时空转换
　——中国古代诗歌和方塔园的设计   155

编后记   161

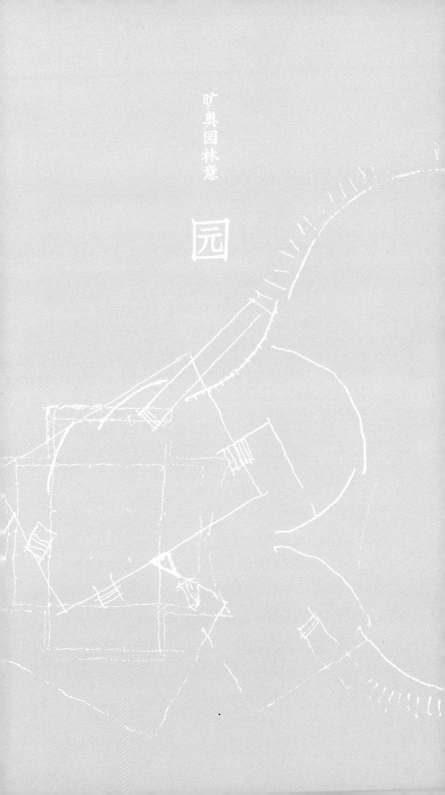

旷奥园林意

园

"意在笔先"*

　　松江宋方塔修复一新，其旁明砖刻影壁也完整无损，拟辟地9公顷为公园，计划把原在小学中的唐经幢移此，松江的一些零星文物荟集起来也去公园内建馆陈列。此外还要设外宾招待室、茶室，甚至吃鲈鱼的饭馆。

　　前些时参观了上海玉雕厂，看见接待室许多玻璃橱里五光十色，一经介绍，每件都是价值几千几万的孤例，可是，密密麻麻摆满一橱一橱，橱内壁又是镜面，越发热闹，简直（像）杂货铺，哪里显得出珍贵来。其实譬如博物馆的一件珍品，小者应该独占一橱，大者或独占一室，周围应该用暗色补色加以衬托。灯光则射到展品上，更重要的珍藏应该在进入该室之前，安排情绪准备，这才使人不远千里一睹为快。

　　松江是方塔、经幢、鲈鱼各有千秋，应各有一篇文章好作。古物离开原址毕竟有损其历史价值。鲈鱼巨口细鳞虽然也属雅事，终与塔、幢不是一个味道，所以要把整个松江作为一个点来考虑，不必挤在一起唱群英会。

＊这是 1978 年 12 月，冯纪忠先生在上海园林管理局"松江方塔园规划方案讨论会"上的发言。标题"意在笔先"，为编者所加。——编者注

方塔宜配以少量大小建筑，或廊或墙围成塔院，这是建筑衬托；全园树木宜成片，树种宜单纯，这是绿化衬托。总之塔是主题，路是曲或是折也要统一的格调，路本身统一并统一于塔。敞之为草坪，也不能夺塔的主题。绿化构思譬如减法，塔院、草坪等像是密林中减出来的那样。

　　来开会之前苦思未能解的一点是似乎缺些什么生动的东西。现在有了，方才听介绍，松江古有茸城之名，又拟以地方佳话"十鹿九回头"为题的雕塑作为点缀。我看何不散养活鹿百头，大可与奈良媲美，况有所本，岂不甚妙。不知鹿的习性如何，绿化布置等就都要相应考虑。

方塔园规划*

　　方塔园在上海松江县。府志载，松江商代为扬州域，春秋时吴王寿梦建华亭，作留宿之所，称松江为茸城。唐宋以后直至清中叶是这一地区的政治、经济、文化中心。今尚存许多珍贵文物，有唐经幢，宋方塔、石桥，元清真寺，明砖雕照壁、大仓桥、一些厅堂楼阁和明清碑碣等等，多具重要历史价值。松江地处淀泖低地，7500年前后是古海岸，后以长江出海淤积为平原。这一地区自松江城才渐次出现冈峦，可称自然风景者有九峰三泖，具备发展为上海郊区游览点的条件。松江城镇本身的发展中，园林绿地也有待大力建设。宋方塔和明照壁的所在地段，既近市廛，又较空旷，所以建园条件很好。

　　建园用地11.51公顷，先后系县府、城隍庙、兴圣教寺及城中心地段的旧址。几经战乱和变迁，原有房屋毁尽，昔日繁华今已荡然，遍地厚积瓦砾土，而方塔尚存塔体砖心原物。1976年大力修复了九层塔檐和宝顶。塔为兴圣教寺塔，建于北宋熙宁至元祐年间（1068～1094年），承唐代的形制，平面为正方形，砖木结构，总高42.5米。塔体修长，出檐深远，造型优美。塔北有明代城隍庙的照壁，建于洪武三年（1370年），壁上"�"浮雕图案细致生动，是罕见的大型砖雕。塔

＊原载于《建筑学报》1981年第7期。——编者注

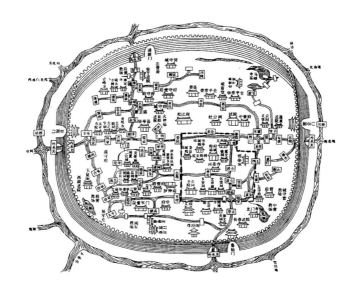

清代松江府城图

东南有宋代石板小桥一座。附近还有古树八株和竹林两片。塔南有横贯东西的小河和一段成丁字形的河汊。

小土丘数堆分布于塔之西和西南。此外，在规划工作进行之前，已决定将上海清代天妃宫大殿迁入园内。

根据这样的现状及任务，方塔园的性质是以方塔为主体的历史文物园林。园中设置的项目应以安静的观赏内容为主，不设置喧闹的娱乐设施。并以叠覆五老峰、美女峰假山石，创造陈列松江文物书画的条件，以丰富园林的内容。方塔园规划力求在继承我国造园传统的同时，考虑现代条件，探索园林规划的新途径。

规划前原貌：方塔、照壁、古树（图片来源：冯纪忠）

规划前原貌：从方塔上向下看（图片来源：冯纪忠）

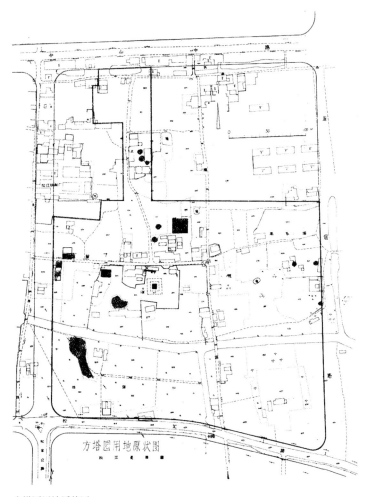

方塔园用地原状图

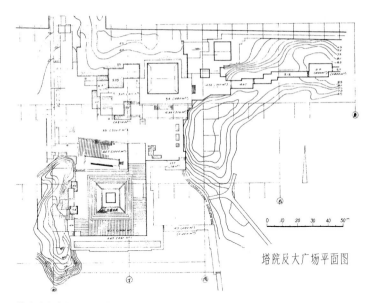

塔院及大广场平面设计图

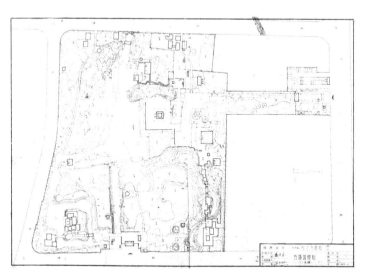

方塔园规划总平面图

如前所述，松江一般地势平坦，河湖泖荡交织，局部地带冈峦起伏，所以这个特点应该作为方塔园地形处理的蓝本。而规划布局首先应从方塔这一组文物作为主题着手，堆山理水无不以突出主题为目标。规划之初，碰到的第一件事是如何布置迁建的天妃宫大殿。宋塔、明壁、清殿是三个不同朝代的建筑，如果塔与殿按一般惯例作轴线布置，则势必使得体量较大而年代较晚的清殿反居主位。何况塔与壁，一为兴圣教寺的塔，一为城隍庙的照壁，原非一体，两者互相又略有偏斜，原来就不同轴。再则三代的建筑形式有很大的差异，若新添建筑，必然在采取何代的形制上大费周折。因此决定塔殿不同轴。于方塔周围视线所及，避免添加其他建筑物，取"冗繁削尽留清瘦"之意，更不拘泥于传统寺庙格式，而是因地制宜地自由布局，灵活组织空间。

方塔的地面标高为+4.17米，而周围地面标高却在+4.7米左右，所以地势对显示塔体的高耸是不利的。按照中国的传统形式，塔的周围常有封闭的院落，不同于开敞暴露的纪念碑。塔院的尺度决定于塔高，塔体修长，近观时距离近些当可更感巍峨，故设东、南两段院墙，离塔的中心23米，院内仰视塔顶的角度为65°。院墙简洁是为了不致分散观赏方塔的注意力。墙外的地面高于塔院，有此两段院墙的屏隔，将避免感到塔基的低陷。西面扩大原有小丘，塔北则有明壁，从而形成一个各向有变化的塔院。明壁之北为弹街石地面的广场，消防车可以开到这里。广场是三项文物的纽带和进入塔院的前奏，其地面标高应尽可能低于塔院。但此地的高水位标高约在+3.0米，少数几天的洪水位可达+3.5米，所以把广场的标高定为+3.5米，

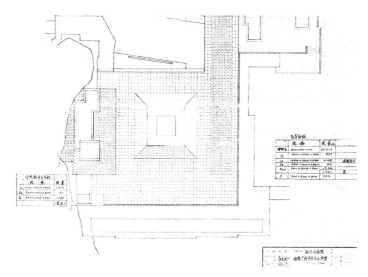

塔院广场平面石方布置图

塔院广场刚建成时，从塔上看广场（冯纪忠摄）

塔院内看方塔（王瑞智摄）

以便由广场经坡道，尚是向上进入塔院。明壁水池前有平台，标高为+4.10米，便于游人近观砖雕。广场之北，天妃宫大殿之西，结合古树组织了一组标高不同、大小不等的台坛，在此可观看照壁全貌。这组高低错落的台，又是为了保护古树树根，并与较宽阔的广场和方整的塔院形成繁简的对比，广场、塔院、平台等用不同的石料和不同的砌纹铺地，共同起到建筑第五"立面"的作用。宋塔、明壁、清殿及古树，各依其原标高组成起落、繁简、大小相间的空间，把文物点染烘托出来，以反映珍视文物如拱璧之意。这一中心地段是全园的主要部分，在尺度上注意使松散的格局不失之松懈，在格调韵味上试图体现宋文化的典雅、朴素、宁静、明洁，做到少建筑而建筑性强。其中塔院不植一木，也是为了强调主题文物的肃穆气氛。

基地西南角原有小土丘，标高为+10.5米，塔西侧原有小土丘，标高为+10.3米。从园内西南部看塔，园外新建五层住宅数幢，很不协调，所以挖河取土，在东北角原+6.0米标高处，再堆高2米，并植枫香、香樟类加以遮蔽。

将塔西土丘向南北扩大，部分覆以山石，以土带石形成塔院的西面屏障。在清殿北面沿围墙稍事堆土，种植形态苍古的常绿树，以衬托古塔风貌，而且从北门入园，清殿北面不致过于突出，使注意力集中于塔。河之南堆土以形成空间界面，其上主要种植乌桕。全园土丘自东而南连成脉络。

园内原有丁字形河道，规划将中心部分适当扩大成池，增加水景。池北配合院墙，筑整齐的石驳岸，结束于池面的宋桥。宋桥桥面四块大石板中，一块为原物，桥形古朴，正位于较为开阔的水面和环境清幽的小河之间，考虑欣赏古桥的需

从南草坪看方塔（冯纪忠摄）

要，桥边设石阶及平台。南北向河汊，原有民居数间，在踏勘时发现此处可以看到塔尖的一段倒影，故规划中在此建水榭，并拓宽一角河面，使倒影完整，但塔不露根，避免像"洋"式公园中的纪念碑。院墙与驳岸简单有力的横线适成塔的衬托，碧波塔影蔚成一景。池之南岸为大片草坪，缓坡入水，散植丹枫，由北岸南眺，想乌桕衬托着背日丹枫，晶莹剔透，秋景必然尤为美丽。池西设一廊桥，作为由东向西的对景。沿西墙设置水闸水泵，将园内水位标高稳定在+3.0米左右。为了保护塔基，将池底分为两阶，近塔一面水深0.80米，并置缸种植水生植物，有控制地丰富水面景色，靠南水深约2米。园之东南隅自成另一景区，凿河北通东大门处的方池，西接原河汊，构成连贯的水系。全园雨水尽量由明沟就近泄入河道。

北门建成时（冯纪忠摄）

通过山体与水系的整理把全园划分为几个区，各区设置不同用途的建筑，形成不同的内向空间与景色。这也是学习我国大型园林的布局特点。围绕方塔中心区，东北有茶点厅，东南有诗会棋社用的竹构草顶茶室，南有欣赏塔影波光的水榭，西南有鹿苑和大片可以放养的草地，西面有以楠木厅为主体的园中之园，作陈列展览之用，西北有小卖摄影部等服务设施，再西为管理区。全园通过主题树种乌桕统一起来。只在各景区建筑附近点缀一些传统园林常用的花木，如山茶、玉兰、海棠、梅、牡丹、杜鹃、天竹等，以丰富四时景色。在中心区纵目所及是看不到其他各区的建筑的，这就净化了主体，花费少，见效快，而且便于分期建设，统一中求变化。

来游者的目标是方塔，这是极为明确的，因此对入口的位

北门甬道，渐见方塔（冯纪忠摄）

置和由入口达方塔的路线必须加以经营。游客来源有二，一是本地，一是上海市区。设北门与东门。北门临松江中山路，自北门到方塔，现有一条林荫土径，从这里一进门朝着阳光，透过摇飏透明闪耀的树叶望到背日塔影，已经无需再费多少笔墨。游人由中山路来，沿路建筑遮住了塔，进门后塔始突然呈现，所以任何障景也是多余的。只需因势加工，强调指向，铺砌一段较长的高高低低的步行石板通道。通道两侧原有一排杨树，东侧布置一片以浓郁的树丛为背景的花境，其间保留原有大树三株和水井一口。石板路从地面标高为+5.0米的北门起到水井处，按原地形不变升起1米，然后逐步下降，直至标高为+3.5米的广场，使人渐近塔而塔愈显巍峨。

临新辟的友谊路设东门，在门的一侧砌边长为20米的方池，隔水眺望河道两岸风光，作为泄景。本来车由东来早已望见方塔，入东门一片竹林屏障，只见方塔的上半部，因更设照壁一道、垂门一座，有意导向北行，过垂花门，一片石铺硬地的终端正是两株参天的古银杏，越小丘，经圆洞门，东为青瓦钢架的茶点厅，尝试运用新型结构与传统形式相结合，以富于变现出园林建筑的气氛。由圆洞门向西进入高低曲折的堑道，堑深约2.5~3.0米，宽约4.0~6.0米，石砌两壁。出堑道登天妃宫大殿平台看到方塔与广场，顿时感觉为之一爽。这是尝试运用我国园林幽旷开合的处理手法。

实则，不论是北入口的通道或东入口的堑道，高低起落，都是为了弥补塔基过低的不足，通过通道和堑道的标高变化以模糊游人对塔基绝对标高的概念。通道与堑道有所不同的是两者的建筑性一弱一强，通道略有曲折，辅以花境的曲线，以增强游人踏进广场时对较严整的主体空间的感受。堑道的建筑性强是为了尽早给予游人进入建筑总体的感觉，从而积聚期待，以加重方塔突然呈现时的惊喜。

园内道路分为可通车路和步行道，游人车辆不进园。运输和消防可通车的路一般距园内设施，特别是文物，不超过50米。

方塔之西原有休息厅一座，结合墙、廊、阁、榭以及拟迁来的明代楠木厅组成古典庭园特色的园中之园。园除北有入口之外，与塔院之间辟山洞连通。

松江府志记载，春秋吴王寿梦游松江城南华亭谷，发现大批野鹿群，并有五匹特别高大的雄鹿，从此把松江称为茸城，定城南为御猎场。这是松江建城最早的记载，当地还有"十鹿九回头"的碑刻掌故。方塔园的鹿苑设圈养与管理房舍，并可在西南地段的大草坪上进行放养，以两座桥加以控制，逐步做到游人可与鹿直接接触，增加园林的生趣。

中国园林手法灵活，是一份宝贵的遗产。中国园林的传统在现代园林规划中是具有新的生命力的。通过方塔园规划，我们感到继承传统主要应该领会其精神实质和揣摩其匠心意境，吸取营养，为我所用，不能拘泥形式，生搬硬套。现在造园要满足群众性要求，这就不是简单地将古典园林的尺度放大所能解决了的。江南园林多叠石，现代园林一般面积较大，难以堆叠太多的石山。方塔园以土山为主，运用了草皮和主题树种作为统一全园的底色，吸取英日园林的优点。这都是试图在继承革新的道路上跨出一步，以作引玉之砖。能否收到预期的效果，有待建成之后的检验。

何陋轩答客问 [*]

松江方塔园规划中为了从东南部取土，顺应土丘竹林分布原状，凿河北通方池，西接河汊，构成连贯水系，而东南形成了一个景区，拟建简单竹构的饮茶休息设施。

记得三年前曾有客与笔者来游。信步过土埂，登小岛，披着没膝荒草，打量着地势，客高兴地说："是个好去处，略施些亭榭廊桥，真是别有洞天。"笔者想了一想，没有说什么。

后来，总算经费有了着落，一个竹构草顶的敞厅，一波三折，差强人意，将要建成了，姑名之为"何陋轩"。

客恰好又来游，一同过小桥，绕土丘，进入竹厅。客愕然良久，讪道："园里这一圈，可真有些累了。"笔者应道："坐下喝杯茶再逛罢。久动思静，现在宜于静中寓动，我设计时正是这样想的，不然的话，大圈圈之中又来一小圈圈，那不就乏味了。"

客道："原来这就是不采取游廊方式的道理。这个厅确也阴凉轩敞。游廊在楠木厅那里已经有了嘛。"

笔者道："那里不同，那里是游览主体广场之后，收一收神。"

＊原载于《时代建筑》1988年第3期。——编者注

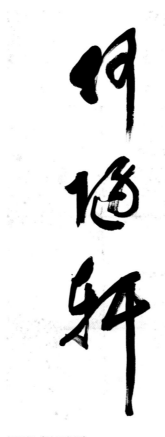

何陋轩（冯纪忠题）

　　跟着笔者指点着介绍说："全园有几个重点单位，除了主体文物宋塔、明壁之外，有天妃宫、楠木厅、大餐厅。这个竹厅在尺度上和方位上需要和那些单位旗鼓相当，才能各领一隅风骚罢。看！竹构结点是用绑扎的办法，原拟全无榫卯，施工中出于好意，着意加工，显出豪式屋架的幽灵难散啊。"客道："竹子施漆，是否想在朴实中略见堂皇，会不会授人以不

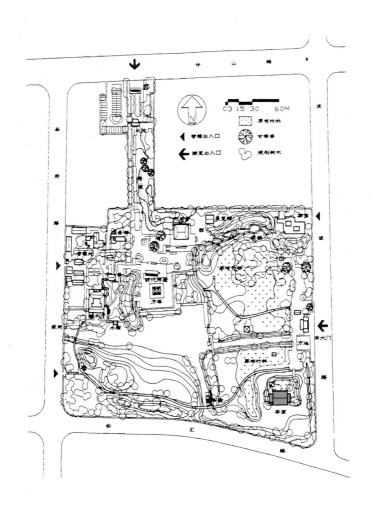

何陋轩在方塔园中的位置和体量

伦不类的口实？"

笔者笑道："不论竹木，本色确是我素来偏爱的，为什么这里施漆呢？让我解释一下。通常处理屋架结构，都是刻意清晰展示交结点，为的是彰显构架整体力系的稳定感。这里却相反，故意把所有交结点漆上黑色，以削弱其清晰度。各杆件中段漆白，从而强调整体结构的解体感。这就使得所有白而亮的中段在较为暗的屋顶结构空间中仿佛飘浮起来啦。这是东坡'反常合道为趣'的妙用罢！"

良久，客扫视四周，猛然诘问道："规律在哪儿？令人迷离惝恍，茫然若失，这又有什么说法？"

笔者笑道："果然好像吹皱了一池春水，倒很使人高兴。若说规律却是有的。"

"请先看台基：三层，依次递转30°、60°，似大小相同而相叠，踌躇不定的轴向正所以烘托厅构求索而后肯定下来的南北轴心，似乎在描述那从未定到已定的动态过程，这叫引发意动罢。方砖铺地，间隔用竖砖嵌缝，既是为了加强方向感和有利于埋置暗线，而且所有柱基落在缝中，不致破损方砖，又好似群柱穿透三层，而把它们扣住了。三层台基错叠所留下的一个三角空隙，恰好竖立轩名点题。"

"再看墙段：这里并没有围闭的必要。墙段各自起着挡土、屏蔽、导向、透光、视域限定、空间推张等等作用，所以各有自己的轴心、半径和高度；若断若续，意味着岛区既是自成格局，又是与整个塔园不失联系的局部。"

客道："厨房忽然又是几个正方块，大概是求变化、求对比？"

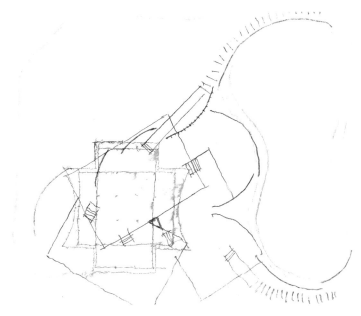

何陋轩平面草图（冯纪忠手绘）

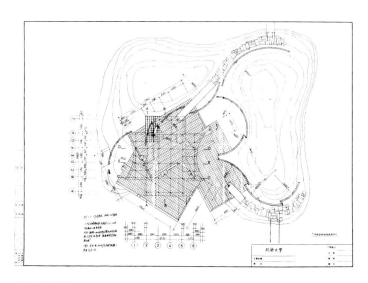

何陋轩平面图

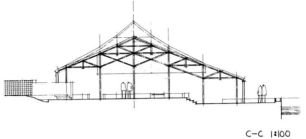

C-C 1:100

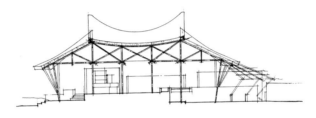

B-B 1:100

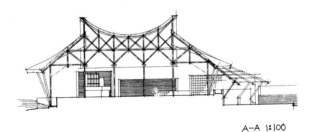

A-A 1:100

何陋轩剖面图

笔者答道："也对，说是曲直对比、轻重对比，想象它是帆船的系桩、引鸟的饮钵，均无不可，但我想是为什么厨房非是附属的、次要的不可？"

总之，这里，不论台基、墙段，小至坡道、大至厨房等等，各个元件都是独立、完整、各具性格，似乎谦挹自若，互不隶属，逸散偶然；其实有条不紊，紧密扣结，相得益彰的。

客道："哦！这里包含深一层的观念。"

笔者应道："对。所谓意境，并非只有风花雪月才算。"

客道："我是清楚了，但是总不能经常依靠导游员解说吧？"

笔者答道："当然，那不可能也不必要嘛。一般，要欣赏戏，就得把戏看完；要欣赏乐曲，也得把乐曲听完，听完了也未必就懂。其实这都不用说。同样，只要有了了解建筑的意愿，那不也要花点时间和气力，进行独立体验，才能从无序发现有序，从有序领会内涵吗？另一方面，就多数人来说，来到这里是为了品茗闲谈，并不存心了解建筑，然而不自觉有所感受，却是事实。哦，我想这或许就是你担心令人迷茫进而受到一定影响的缘故吧！涉及建筑的感受问题，那是不能单谈建筑客体的，也要看主体一面罢。譬如，高峰绝顶，一览众山，荡胸沁脾，心情爽朗，这是诗人之所歌，哲人之所颂，上下古今，群体总合出来的常人之情。又哪里晓得，不是也有失魂落魄舍身一跃的吗？那是主体的内心世界不同嘛。再说近一点，当此园中的堑道建成的时候，不也有人怕它易于藏污纳垢吗？再说，为什么对无锡寄畅园的八音涧却没有听说什么叨叨？是古人风雅附庸者多吗？古人雷池难越吗？也许这样推度仍然流于书生之见。"

何陋轩厨房

从西南面山坡望何陋轩（冯纪忠摄）

说着说着，日影西移，弧墙段上，来时亮处现在暗了，来时暗处现在亮了，花墙闪烁，竹林摇曳，光、暗、阴、影，由黑到灰，由灰到白，构成了墨分五彩的动画，同步地平添了几分空间不确定性质。于是，相与离座，过小桥，上土坡，俯望竹轩，见茅草覆顶，弧脊如新月。

客道："似曾相识。"

笔者道："是呀，途中松江至嘉兴一带农居多庑殿顶，脊作强烈的弧形，这是他地未见的。据说帝王时代民间敢用庑殿是冒杀头之罪的，其中必有来历，那就有待历史学家们去考证了。这里掇来作为设计主题，所谓意象，屋脊与檐口、墙段、护坡等等的弧线，共同组成上、下、凹、凸、向、背、主题、变奏的空实综合体。这算是超越塔园之外在地区层次上的文脉延续罢，也算是对符号的表述和观点罢。"

客点头道："我有同感。符号怎能趋同，不是贴商标，不是集邮票，也不是赶时髦。"

笔者道："农村好转，拆旧建新，弧脊农居日渐减少，颇惧其泯灭，尝呼吁保护或迁存，又想取其情态作为地方特色予以继承，但是又不甘心照搬，确是存念已久了。"

客道："这样看来，小岛设计的灵感盖出于此啰？"

笔者答道："也可以这么说。就艺术创作活动一般来说，意念一经萌发，创作者就在自己长年积淀的表象库中辗转翻腾，筛选熔化，意象朦朦胧胧地凝聚起来，意境随之从自发到自觉。从意象到成象而表现出来，意境终于有所托付。建筑设计更多的情况是，结合项目分析，意象由表象的积聚而触发，在表象到成象的过程中，意境逐渐升华。不管怎样，三者互为因果，不可分割。我们争取的是意先于笔，自觉立意，而着力点却是在驰骋于自己所掌握的载体之间的。"

"至于这个方案，那是逐渐展开的。举一点来说：本来因为南望对岸树木过于稀疏，所以有意压低厅的南檐，把视线下引，而弧形挡土墙段对前后大小空间的形成，原是出于避开竹林，偶尔得之的，却把空间感向垂直于厅轴两侧扩展了，纵横取得互补。我总觉得，一片平地反而难作文章……"

客笑道："提起文章嘛，这一番动定、层次、主客体、有无序等等的议论，不觉得似有小题大做之嫌吗？"

笔者不以为然道："《二京》《三都》俱是名篇，或十年而成，或期日可待，禀赋不同，机遇不同，不在快慢。子厚《封建论》，禹锡《陋室铭》，铿锵隽拔，不在长短。建筑设计，何在大小？要在精心，一如为文。精心则动情感，牵肠挂肚，字斟句酌，不能自已，虽然成果不尽如意，不过，终有所得，似属共通，发而为文，不是很自然的吗？"

客仍坚持道："小题终究是小题，大题谈何容易！"

笔者语塞，嗫嚅道："噢，噢，非我这钝拙孤陋者所知。"

谈方塔园*

露天博物馆（布局）

松江方塔园是上世纪80年代初开始设计的。原址上古迹很多，有宋代的方塔、明代的照壁、元代的石桥，还有几株古银杏树，其余就是一片村野了。上海市政府打算在园中迁入另外的一些古迹，比如位于上海市区河南路畔的清朝建造的天妃宫、松江城内明代建造的楠木厅，以及在城市建设开发中拆迁的私家园林中的太湖石和墓道上的翁仲……我最先的构想就是应将方塔园建成一个露天的博物馆，将这些古物都作为展品陈列，把这些被视为掌上明珠的珍贵文物一一承托在台座上，以示对展品之珍重。设计之初，需要及早确定天妃宫的迁入位置，以便尽快施工。宋朝方塔与明代照壁原来所处的位置尽管相距很近，但它们既不平行又不在一条轴线上，所以，只能把清代的天妃宫放在方塔轴线的东北一隅，作为一个独立的展品放在"台座"上。这样，在方塔和照壁的北面便形成了一个广场。

＊2004年2月，中央电视台记者在方塔园采访冯纪忠教授，冯先生谈了方塔园的设计思想。本文由同济大学张遴伟老师按谈话录音整理，后刊载于《城市环境设计》2004年第1期，原标题为《冯纪忠先生谈方塔园》。——编者注

因势利导

广场的设计构思是要将其标高降低，以突出塔的高耸。于是，从北大门进入，一路走过多级台阶，缓缓下降，到达最低处的广场。广场上原有两棵几百岁的银杏，为保护树的根系修筑了石砌的台座。这些石座高低大小各不相同，对树底下原有的土壤起了很好的保护作用。它们与天妃宫的台座一起以自身的石壁强化了广场空间。从北大门进入的道路也是用石头砌成的，由标高不同的矩形平面组成，它们交错叠合，向下层层跌落。道路的一边是曲线形的挡土墙围合成的花坛，另一边则是直线形的挡土墙，一刚一柔，形成鲜明的对比。游客左顾右盼，皆成图画，渐入广场，到达全园的主要景区。

宋的韵味

方塔园在总体设计上，希望以"宋"的风格为主。这里讲的"风格"不是形式上的"风格"，而是"韵味"。这个韵味是"宋"的韵味，而不是"唐"的，也不是"明"或"清"的。"宋"的韵味大家从宋瓷当中就可以看出一些端倪：宋朝的碗底儿很小，线条简单明晰，颜色丰富多彩，形体匀称大方。无论是"官窑"还是"民汝窑"，质地都很细腻，富有文化底蕴。我的设计思想就是让方塔园也具有这种韵味。我不希望只要一做园林总是欧洲的园林、英国的花园，再者就是放大了的苏州园林（苏州园林不是宋的味道，规模也不相符合）。

因地制宜

方塔园原址上有丁字形的河道、大片竹林，还有些土堆。我们是以基地地形为设计的出发点，设计中保留了大部分的基地现状。举例来说，从北大门进来原有一排高大的树，设计中墙的走向就是沿着这排树的左侧（西）定下来的。后来，有人以这种树易生虫为由要将其砍去，等我们得知后去阻止时，发现已被砍去了不少，所幸还有一些树留下来，也算是不幸中之大幸吧。竹林是原有的，水面是在原有河面基础上扩大的，方塔旁边的土山也是在原有土堆的基础上叠成的。对基地现状的尊重也是我们规划中一个比较大的原则吧。

四角规划

方塔园总平面上四个角的设计手法有所变化，和主体不完全一样。西南角上要搬来明代的一个楠木厅（它当年曾用作松江的一家工厂厂房）作为该处的主题，所以一些廊榭相应地就采取了明代风格。这组建筑与全园的主体建筑方塔之间有土堆相隔，可以自成一景。东南一隅是以何陋轩为主题，它采用的是大屋顶，平面也比较大。东北角处的设计手法是：从东门进入后，以两棵古银杏作为引导，然后通过狭长曲折的甬道，突然让方塔跃然于眼前，这即所谓的"豁然开朗"。甬道转折处有一块空地，我本打算在这里设计一座餐厅，它既可以从园外进来（从方塔路进入），也可通向园内，可供园内外的人共同使用。这个餐厅方案已经做好，占地很大，钢屋架，局部两层。虽然图纸都画好了，但因为经费等问题，餐厅一直没有建，那块地儿也就一直空着。后来我们曾经建议在此做展览室，也没能实现。也好，为后人创作留有余地吧。

何陋轩

"何陋轩"作为东南角的主体，规模大小要合适，若是采用苏州园林中的小亭子那样的规模，就会与整体气势不相称，不能作为主体文脉的延续。当年方塔园的投资很少，所以在建设时尽量节省。于是，何陋轩的材料采用了竹子和稻草，砖墙抹灰，用的方法都很简单。方砖是定做的，要求相对较高。有一次我陪两个英国建筑师来游方塔园，正值下雨，在何陋轩歇脚。他们问竹结构上面的节点是什么意思，我说是"floating effect"（飘浮效果），他们点头称是。黑色的节点，在视觉上造成了白线条断开的效果，产生飞动的感觉。也就是说如果把构件的节点模糊化，就会使杆件本身好像断开了，产生瞬间飘浮的感觉。但现在颜色漆得不太好，当初下面是竹子的本色，上面飘浮的味道会更为突出一些。

我曾在一篇文章中虚拟了一个人物和我一起来游方塔园。"他"一看园中的这个地方不错，可以作为一个独立的景区："是否可以搞一点儿廊啊，水榭啊，亭子啊……来吃吃茶好不好？"我当时没有回答。我想"何陋轩"应该和"天妃宫"有相同的分量，于是就确定了其屋顶的体量。虽然它是草和竹子造的，但规模较大，可以作为方塔园其中一组建筑的主体。从入口到何陋轩路途较远，如果在这里做苏州园林里那样曲曲折折的廊恐怕会显得小气，而且也没必要再绕小圈。游客一路行来，动态游览园中的景色，在这里就需要停顿一下，坐下来喝茶、聊天或者下下棋。我们要在这里塑造出一种"静中有动，动中有静"的情境，人们坐在其间，能感觉到光影的不断变化。

考虑到厨房有明火，设计时必须有合乎逻辑的处理，所以厨房屋顶的原设计是瓦的，而不是现在的草顶。厨房平面为正方形，四片墙面升上去形成像骰子一样的体块。入口处地面、栏杆等都是采用刚柔对比的手法，同样，大厅的草顶和厨房的瓦顶也形成鲜明的对比。这里强调的是厨房与厅是两个独立的建筑，它们没有大小贵贱之分。我要的就是彼此独立，刚柔相对。何陋轩除了尺度上与园内的规模相呼应之外，与园外的文脉也要有关联。松江当地的传统民居与上海其他地方不一样：屋脊是弯的，四坡顶。在此，我以现代的手法表现出当地民居的形式。

现有不足

多年以后再来方塔园，感到许多地方改变了。经过去往何陋轩的桥之后，原来路两侧的树木形态优美，可惜现在只剩下几株了；厨房改成了草顶；种植在堑道两边的黄馨原来被修剪成不同层面的下垂状，现在也不见了；一些路灯的布置也有不尽人意的地方，很希望在进一步的整修之中恢复原貌或加以改造。

"有法无式，敢于探索"*

《风景园林》：1956年，同济大学创办了中国第一个独立的城市规划专业——"城市建设与经营"专业。1958年，又创立了城市园林规划专业。能回忆一下当时这个专业在同济的发展背景和经过吗？

冯纪忠：我很早就意识到在城市规划中，绿化和景观是非常重要的一环。在我兼职于上海市工务局都市计划委员会，与程世抚等同事一起做上海城市规划的时候，就曾着重提到过这一点；我还与程世抚合著了《绿地研究报告》（1951年出版）。既然重要，那就要有专门的人才。1951年，程世抚不止一次邀请我与他一起为全国绿化管理干部培训班授课。1958年，同济大学创办了城市规划专业（城市绿化），也就是现在的城市规划专业（风景园林）。

1979年，我在同济大学率先恢复了这个风景园林专业。当时赶着成立这个专业，一个原因是为了防备风景区被破坏。过去我们就在这个问题上吃亏过，很多风景都因为缺乏正确的、

＊2009年8月，在冯纪忠先生女儿冯叶小姐、同济大学吴人韦教授和武汉大学赵冰教授的协助下，《风景园林》杂志对冯纪忠先生进行了采访。本文由文桦根据采访记录整理，后以《冯纪忠：做园林要有法无式、思想开放，敢于探索》为题刊载于《风景园林》2009年10月号，现在的标题为编者所加。——编者注

有保护意识的规划，被胡乱开发破坏了。另一个原因是，过去欣赏园林大多停留在欣赏苏州园林的层面，相对来说较多偏重文学和历史的范畴。我提出创建风景评价体系，这有助于在规划风景区时，明确到底哪些地方需要保护，哪些地方值得开发和怎么开发。可惜的是，还是稍微晚了一步，如果风景园林专业能再早一点恢复，许多有价值的风景区和城市景观就不至于被破坏了。

1981 年，高校开设博士点的时候，我就想以风景园林为主来培养些研究生。去北京参加国务院学位委员会确定研究生导师的人选时，我是国务院学位委员会（工学）学科评议组成员。我提出希望能带风景园林方面的博士生，这得到了支持，并且会上同意将风景园林方向设在城市规划专业里面。这也让我成为全国第一个不仅可以带建筑和城规专业博士生，还可以带风景园林博士生的导师。我非常高兴能为这个领域做些工作。

《风景园林》：采访您肯定绕不开方塔园。20世纪70年代末期，您规划设计的松江方塔园在风景园林领域开创了崭新的时代。方塔园的设计主要面临哪些难题？您对建成效果满意吗？

冯纪忠：1978年5月，程绪珂局长代表上海市园林管理局邀请我开始规划设计松江方塔园。方塔园在上海松江，建园用地11.5公顷，性质是以方塔为主体的历史文物园林，1982年5月1日正式对外开放。规划布局从方塔这一组文物作为主题着手，堆山理水无不以突出主题为目标。规划之初，碰到的是如何布置迁建的天妃宫大殿。宋塔、明壁、清殿是三个不同朝代的建筑，如果塔与殿按一般惯例作轴线布置，则势必使得体量较大而年代较晚的清殿反居主位。何况塔与壁，一为兴圣教寺的塔，一为城隍庙的照壁，原非一体，两者互相又略有偏斜，原来就不同轴。再则三代的建筑形式有很大的差异，若新添建筑，必然在采取何代的形制上大费周折，因此设计决定塔殿不同轴。于方塔周围视线所及，避免添加其他建筑物，取"冗繁削尽留清瘦"之意，不拘泥于传统寺庙格式，取宋代的神韵，因地制宜地自由布局，灵活组织空间。建成后的方塔园，当然也存在不少细节上的问题，但总体上我是比较满意的。

《风景园林》：我们也注意到您曾经写给时任上海园林管理局局长程绪珂的一封信，反映出方塔园设计过程的曲折不易。您当时承受了哪些压力？您觉得一个成功作品的出现需要哪些条件？

冯纪忠：这场风波起始于1983年，批判的焦点主要集中在方塔园北大门和堑道的设计方面。有的专家还提出地面不应该用石块而应该铺水泥，堑道是"藏污纳垢的封建思想"。这些批判完全不在于技术探讨，而是上升到"精神污染"层面，"卖国""反党"的大帽子乱飞，这是我苦恼的来源。幸而当时上海园林管理局局长程绪珂一直给予我很大支持，1984年上海市时任副市长倪天增和钱学中专程去方塔园了解视察，并特地上门看望我，才能让我继续方塔园的后期设计，造了"何陋轩"茶室。

我想，一个成功的作品首先应该是符合时代需要的作品，这个需要包括功能需要和审美需要。尤其对于建筑和园林来说，它们具有很强的公民作品属性，为民所建，为民所享，无法仅凭个人的力量就可以把图纸实现，而是多方协调博弈的结果。第二个，我认为成功的作品应具有教育意义，能在某方面为社会提供启示和榜样的作用，这意味着作品可能有不被时代理解的成分，需要设计师顶住各种压力。尽管这样做的确很难，但因而你会拥有超出作品本身的强大精神力量。这也是一位教育者在传授知识之外，要让学生体会理解的更重要的内容。

《风景园林》：进入求新思变的今天，"现代园林"之"现代"应体现于何处？

冯纪忠：1918年我随父母移居北京，在北京长大。父亲有段时间在香山养病，我也得以游历香山。后来随家迁居上海，尽管当时上海开放的公园比较少，但我还是看了一些。去欧洲留学前跟着外祖父住过苏州。可以说，苏州园林对我的影响很大。我后来对于现代空间，特别是"意动空间"的表达和研究，除了承传欧洲现代空间的探索外，也得益于那段苏州岁月。苏州园林比较集中，有利于相互学习切磋，因而园林意境的表现也是丰富多彩、淋漓尽致。

在山水意象体验上，从大到小这个历史阶段，苏州园林意境的表现是比较成功和彻底的。现代进入了空间尺度上从小到大的新阶段，现代人的生命状态也发生了变化；意境通过现代空间可以在小尺度的园子中表现，也可以在大尺度的风景区中表现。空间尺度的变化引起了各种变化。园林与风景的融合更加密切、更加广泛，这是一个新的主题。在生命状态的表现上，以时空转换传达出"意动"的境界更是现代空间规划和设计的新的方向。

我们现在学了不少国外的东西，在学习中出现了一些错误，自然有一些批评的声音。但不能说国外就没有值得我们学习的地方，例如可以学习他们对自然风景及环境的保护乃至对细部的研究。做园林绿化要"有法无式"，思想要开放自由，一切都要根据实际情况而定。要注意的是，现代风景园林与历史不能脱节，要保持中国的文化精神，不能丢掉自己的传统。硬搬外国的东西和拷贝来的东西不能称为"现代"，硬搬古代的东西也不能称为"保持中国的文化精神"。

《风景园林》：什么是您心中的园林精神和理想？

冯纪忠：方塔园对空间采取了既分隔又开放的手法，我想这种空间处理或许表达了我心中的园林理想：流动的空间让思想不拘于一隅，不断地打破来源于自身和外界的禁锢，是一种对中国未来做开放性探索的愿望。刚才讲到生搬硬套的东西不"现代"，其实不论是硬套国外的，还是硬套传统的，都是一种禁锢。这种敢于探索的思想可以说是我这么多年来一直坚持提倡的一种学风。

《风景园林》：请您预测未来10年风景园林的发展趋势。

冯纪忠：照我这个岁数来比较，10年时间太短，100年都有点少。不论什么时候，风景园林都要将公民的需要、个性的展示和历史的传承结合于其中。风景园林的前景要依大势而动，这个大势就是人与自然、自然与自然的关系。现在的大势与以前就不一样。现在，国家与国家之间环境的联系更为密切，洪水、温室效应、垃圾等等成为人类共同面对的问题。而且，人们越来越相信彼此之间的这种联系，也有信心通过联合来找到解决问题的办法。这种大势无疑会影响到风景园林，它将更深度地参与到环境保护的大势中，推动风景园林的发展。

《风景园林》：请用一句话概括您对这60年园林发展历程的感受。

冯纪忠：这60年，虽然受到一些挫折，但我的感受仍然不错。现在，我到处能碰到熟悉的面孔，听到熟悉的名字，我的学生分布在世界各地，他们在各自的平台上发挥着自己的作用。后继有人，这也是最让我感到欣慰的事。

比较园林史[*]

今天这个题目有点不合时宜。"晚来天欲雪，能饮一杯无？"的时节，讲什么"花红柳绿"，何况又没带幻灯片，无从"望梅止渴"，只得干巴巴地讲。

历代园林留存下来的东西很少，东鳞西爪，蛛丝马迹。要把这些零零碎碎的东西连贯起来，然后才好看出它的发展脉络，只靠园林本身是很困难的，不得不借助于其他方面的信息，也还要外加一点自己的想象。主观想象很可能有错误，希望大家指正。

一般讲中国园林总是从文王说起罢。文王是公元前1100年的人，他在灵囿里面造了灵台、挖了灵沼，"与民偕乐"。这种说法不大可信。当时是什么样的时代，只要看发掘出来的青铜器即可分辨，上面饕餮纹饰都是些狞恶的兽面，张牙舞爪。青铜器一度甚至还是烹人的。再看看那个时代留下的《易经》，有好几处讲到人殉¹。出师要拿人杀了祭，春季又是杀人，得胜回来庆祝还是杀人，帝王死了又得陪葬。那样的情况之下说

＊根据1989年10月杭州"当今世界建筑创作趋势"国际讲座、12月上海学会年会讲稿整理，后以《人与自然——从比较园林史看建筑发展趋势》刊载于《建筑学报》1990年第5期。现在的标题系编者所加。——编者注

1 李镜池《周易通义》。

是"与民偕乐"，能令人相信吗？美洲古代也有高台建筑，复原图上面有个摆人头的架子，那是为了什么仪式。我看，各个地方高台建筑功能都差不多吧！所以估计这句话是孔孟在美化文王，孟子要为他惊天地的"民为重，社稷次之，君为轻"的宣言树立一个折中的典型、一个膜拜的偶像，才把文王说成这个样子。但是《易经》里倒有一条，说到文王对俘虏说服教育，有一部分甘心情愿做奴隶的，就不杀了。[2]有这一条就不容易啦！能在历史上大书特书了。所以到了孔子时候，他说："始作俑者，其无后乎！"人殉制已经是尾声了。当然不等于说变相的人殉就没有了，不等于说更落后一点的地方就完全没有了。不管怎么样，这说明文王时候已经从弱肉强食的世界观发展到能够认识到人的经济效益，这确实也进了一大步。但是那个时代会出现园林，似乎太早。不过从字面上看，孟子提的"与民偕乐"这个"乐"字，确实跟园林有点联系，也就是说超功利的欣赏、享受、审美是园林的内容。

春秋时人才把自然人化了。"仁者乐山，智者乐水"，叫"比德"。在《山海经》当中，自然有时候是很可爱的，但有时候又是很可怕的。有的时候是一副狰狞的面孔，有的时候又是一派幻丽的形象。所以春秋战国时北方出现囿，南方出现园。可以说园林就从那个时候开始了。

到了秦始皇统一中国，建的上林苑是很大的直辖区域[3]，里面造了很多宫殿群，而最最主要与园林有关的是"一池三

---

2 李镜池《周易通义》。
3 张家骥《中国造园史》。

山", 它象征仙境, 实际上是模拟传说中的日本三岛, 传说那儿住着神仙, 长生不老。这个时候中国人从向往昆仑神界, 转到向东, 向往仙境。[4]"神"是"示"字旁, "仙"是"人"字旁, 也从一个侧面说明, 中国对自然的理解、认识是比较早的, 憧憬的极乐世界早已从"示"字到近乎"人"字了。所以我们从这两点来看, 一方面, "人殉"是尾声了; 另一方面, 令人羡慕的极乐世界已经接近人间了, 这才出现园林。这样说是不是说得过去? 后来这个仙境在晋时变成桃花源, 真的移到了人间, 成了人人去得了的地方, 就看你有没有诚心: 极乐世界就更加人化了。所以就全世界而言, 风景园林数中国发展得最早。

"一池三山"这样一个模式一直延续到清, 但是内容、意义不同。汉武帝把上林苑继承下来加以发展, 他死的时候已经悟到长生不死是不可能的, 可是帝王哪个不贪生? "一池三山"还是变成了一种模式, 它又是帝王显示至高无上权威所专有的东西, 同时作为审美对象的成分逐渐增加。苑很大, 但是实际上, 上林苑里面只能说是一部分属于园林性质。当时除皇帝之外, 皇亲国戚, 甚至富豪, 居然也大胆地建了园。像袁广汉的园跟皇帝的苑可不能比了, 小得很, 只有大概2千米×2.5千米, 最后他还是因此被杀了, 因为他胆子太大了, 园是帝王专有的东西。不过我认为到晋时石崇的受诛就不光是金谷园的关系了, 他太残暴。居然还有绿珠为他跳楼, 一副奴隶相! 这

---

4 顾颉刚说。

真是人殉的残余思想在作怪，跟托斯卡[5]不能相提并论。

汉有司马相如的《上林赋》，形容的无非是自然的山峰、水系，丰富的鸟兽虫鱼、花果香草，"离宫别馆，弥山跨谷"，都是罗列，他对水的动态、声貌描写得特别好。"大禹治水"，水与中国人生存的关系太深了，所以对水的描写在汉赋里头已经很细腻。班固的《西都赋》里说到，上林苑里面一个最大的宫叫建章宫，宫后有太液池，池中有三岛。可见得这"一池三山"也不是随便什么地方都有的，是他日常最接近的地方。他最贴心、最欣赏的是什么呢？是仙境。

三国时战乱不断，像那样大的苑已经不大可能有了。曹操在邺城造了金凤、冰井、铜雀三台，其实是把城墙扩大在上头造房子而成，这时园到了城里，不在城外了。我看曹操挺辛苦，连游赏的时候都要"在城楼上观山景"，里有池外有堑，防卫意识强烈。

以上可以称为初期。

佛教在汉明帝时已经传入中国，可是兴盛于六朝。那个时候的帝王、官宦、富豪多舍宫殿、府邸作为寺庙。主要的园池也有三山，例如玄武湖；规模小些的可能已经是缩景了吧！这是一方面。另一方面，因为民族矛盾、融合，儒、道、佛交汇，全国分裂，战乱不已，所以文士遁隐、退隐，出现了田园式住宅或庄园。大的士族子弟像谢灵运在浙江一带占了不少山

---

5 意大利普契尼的歌剧 Toska（《托斯卡》）女主人公，为了拯救其身为政治犯的爱人，假意委身于警察总监，最终发现受骗，跳墙而死。

林，留下很多诗文描写风景和山居情景。另一例是隐者，陶渊明。可是两者有所不同，一个是大士族的寄情山水，一个是文人的退隐。北方当时有大量石窟，北朝灭佛时佛教南移，过了长江，发展很快。总之，这个时候我们可以说是建筑散开到风景里面来了。象征、缩景渐退，认识自然进了一步，欣赏山水也开始了。

如果我们想象一下当时的城市景观是什么样子，有《洛阳伽蓝记》为据，据说当时洛阳寺庙上千，里面就记载了其中主要的43所。从这本书中我们可以想象得出，当时洛阳成片高高低低的屋顶跟绿化渗透在一起，浮图相望，散立其间。现在国外一讲到城市布局的漂亮就提吉米格尼阿诺[6]的高低结合，想想当时洛阳岂不壮丽得多。

江南景观又是什么样子呢？唐朝杜牧写道："千里莺啼绿映红，水村山郭酒旗风。南朝四百八十寺，多少楼台烟雨中。"有声有色，风送酒香，烟雨迷蒙，清新湿润，秀丽无伦。这里注意一个字："楼"字。讲的是寺，有楼台。可是现在的庙除了最后面的藏经楼外，好像楼不多见。难道那是为了押韵？但是杜牧另有一首诗说："秋山春雨闲吟处，倚遍江南寺寺楼。"讲得清清楚楚。韩愈也有诗《宿岳寺题门楼》，"夜投佛寺上高阁，星月掩映云朦胧"，这讲得更清楚了，又是高阁，又是门楼。日本寺门有楼源自中国[7]，日本东福寺、南禅寺的门就是阁。东大寺虽然没有楼，但很可能也是从楼简化来

---

6 指意大利古城圣·吉米格尼阿诺（San Gimignano）。

7 关口欣也考证。

的。到了后来，中国的庙门反而没有楼了。

讲这些是什么意思呢？当时庙都在市井，在近郊，或者是在人多去的风景点，而且庙内有楼。韩愈是最反佛的，但是他投宿也是到庙里去。这也许是传统吧！不管文化馆也好，科学馆也好，佛寺也好，都要有旅馆，还吃荤。日本人跟我们就两样，什么东西到了日本，都变成"道"，茶道、花道、柔道，一本正经，焚香沐浴，仪式繁得不得了；人不是国师，就是什么圣。中国传统到底对不对，这里不去细究，只是希望科学会堂还是保持讲科学为好，不要搞成轻歌曼舞的消闲场所。

南朝梁有个名园在南京，叫华林园。梁帝萧绎画论《山水松石格》里面讲道："设奇巧之体势，写山水之纵横，素平连隅，山脉溅溜，首尾相映，项腹相迎。"这已经说到山脉，说到体势，说到山与水、远与近、高与下，很多风景基本点在里面都说到了。萧绎比王维早150年。可是，即使在王维之后，从画的格讲起来，山水画只是排在第三。第一是人物，二是禽兽，第三才排到山水，第四是楼阁，即建筑师的界画。讲山水画早在六朝已经是主要的画类，这是不对的。唐吴道子还是拿他的人物作为代表作的。隋展子虔的《游春图》，虽然宋徽宗在上面题了"真迹"，但行家们对此还有争议，而且确实这幅画和其后的一些画比，似乎过于成熟了。由此可以估计萧绎讲的"势"字，与我们后来理解的恐怕不相同。当然，什么事情都有超时代的因子，像《水经注》在当时可以说是超时代的。

以上是风景园林的第二期前半叶。

嗣后有大量的城市名园出现。唐时，庙，特别是城市里面的庙，已经有了公园的性质，限时间地或在某个节日向群众开放。郊游是到庙里去，庙有园，庙即园。庙在风景之中了。

到中唐，佛寺进到山里，逐渐上山。进山上山，也许一是交通有条件，沿途治安比较安定；另外是虔诚信徒多了，肯走大段的路去朝山拜庙。王维的诗，"不知香积寺，数里入云峰"。还不是上山，是入山，像灵隐、天童、玉皇那样。这个时候的山水画，还是勾勒多，皴法少。勾勒似乎还是从衣褶的画法因袭来的，山水的特点不多。所以当时谈画最出名的两句是："曹衣出水，吴带当风。"至于山水味，则还不是很浓。顾恺之生于4世纪中期，比萧绎大约早200年，他留下的《洛神赋图》山水配景还很幼稚。石头没力，软绵绵的，树叶好像是对称的，枝、叶、根也不成比例，和近代的巧极之拙不同。我们现在欣赏它的装饰味，欣赏它的拙，是受它折射出来的诚与真的感染吧。宗炳比顾只晚出生30年，他论山水，提出了"畅神"二字，而且他已不满足于写生，虽然论点还比较浅薄，但提出"畅神"已是非常难得。萧绎时代画也好，园林也好，什么也没有留下来。隋展子虔的画真伪难辨，王维时代也没留下一些山水画，我们不过有一点概念罢了。晚唐张彦远的评论应该可信，他说，唐初的画，树、石还很不成熟。从李昭道《春山行旅图》（台北故宫博物院藏）和《明皇幸蜀图》来看，云霞缥缈，岩壑窅然，确似仙境。想来吴道子、"二李"等的庙堂壁画多被写得像仙境，而且人物活动仍然占着重要地位，是符合山水画的发展规律的。所以说以画来论园林还是很困难的。但是有诗有文：王维辋川别业、李德裕平泉山庄、白居易草堂，都有记录、描写。可以说，这时跟第二期前半叶不同。那时是建筑散布在风景中，而这时是镶嵌在自然之中，已经是自觉、有逻辑、有审美地进行布局了。所以可以说这时出现了风景建筑。

从文学来看，无论是王维的诗，还是柳宗元的记，已经从寄情发展到移情。什么叫寄情？就是政治上失意，感情寄托在山水上。这种做法很勉强，所以谢灵运最后还是按捺不住出了山，以致丢了卿卿性命。陶潜不同，是退隐，而谢是遁隐。所以有人说王维、柳宗元的文字是从谢那儿脱胎来的，我不同意，因为谢满肚皮是权势。柳宗元说，"心凝神释，与万化冥合"，是情境交融最高的境界，现在叫作"主客体观照"，以前叫作"物我两忘"；柳的"八记"有些更是超时代的。从这些可以想象得到当时园林和风景建筑的情况。

这是第二期后半叶。

第三期呢？估计在中唐之后，已经逐渐进入探索山水之理的阶段。唐末五代初荆浩画论提出"六要"，"六要"跟南北朝谢赫的"六法"不是一回事，"六法"指的是画人物，而"六要"指的是画山水[8]，总结的是山水之理。他提出山水的"象"和"气"，标志着山水之理到这时已经达到相当深度。但是他还是没有提到一个字，就是萧绎提的"势"字，所以估计萧说的"势"字不过是体态的意思罢了。这个时代画家辈出，荆浩、关仝、董源、巨然、李成、范宽、郭忠恕等，他们画的大多是大挂轴，挂轴主要讲宾主，主峰、宾峰，互相怎么呼应，怎么配置树，配置水，配置亭台楼阁、人物等，所以重在布

---

8 俞剑华说。

局。皴法到这个时候已经完备，各种石头，各种山的质地、形态，林木的枝叶形态，都有人研究过，并将其提炼了。

荆浩一个半世纪以后，有郭熙画论《林泉高致》。他说，山水的云气、烟岚四时不同，春夏秋冬都不同，远看近看不同，正面、背面、侧面不同，早晚不同，阴晴不同，形状意态万变。山水中人的意态也随四时而不同，春天欣欣，夏天坦坦，秋天肃肃，冬天寂寂。人看到东西反应到行为也是不同的，看风景，或思行，或思望，或思居，或思游。他才提出了"气势"，这个"势"字很重要，有了它，才引申到山有脉络；至于水有脉络，很早中国就有认识。以这个"势"字为标志，客体山水之理就完备：有势、动态，才有神。当然我们这时还不能把它和园联系起来看，例如当时的文人园，像独乐园，虽然已经没有了，但是日本园林受独乐园的影响深刻，看来独乐园跟这个"势"字还不足以联系到一起。

以上可以称为风景园林的第三期。

北宋末，"势"字才成画理里面的势，不只是客体的势了。这个时候画从写实到了印象，《梦溪笔谈》里面评论董源的山水说，近看都是些点点戳戳，看不出东西来，远看就什么都出来了，可见已有点彩派的味道。如果认为董源不够，那么"二米"，大米、小米泼墨画都是点子，那就完全是印象派的作风，绝不亚于莫奈，而且更印象。为什么？不用色彩，只用黑白，还下了过滤的功夫。

山水画还是从大轴发展到长卷。在此之前早就有长卷人物，如唐周昉、张萱的画。中文是竖写的，长篇大论要横展着读，连续的、动态的，骆宾王的檄文，武则天读得心潮跌宕起伏。西文要竖展着读。也许这就是长卷画独独在中国早已发展的原因吧。北宋长卷风景，我们常提的是《清明上河图》，其实它的重要性并不及王希孟的《千里江山图》。王的这卷图一气呵成，山势连贯。《千里江山图》高不到60厘米，长近12米，真有气势。这个王希孟年纪很小，只留下这一长卷。他是徽宗的学生。园林只有到这个时候，画已经到了这个程度，还要碰上宋徽宗，才出来一个艮岳。没有艮岳那么大的规模，怎么表现势？那幅画是12米长，要表现势要一定的长度，园林表现势，不要一定的广度吗？所以独乐园等描写不出势来。秦汉上林苑的时代没有能力表现势，那时势表现在万里长城、南北东西驰道，不表现在园林。之所以讲艮岳是划时代的巨作，是因为它是只有在这样的情况下才能出现的作品，而且高质量。至于后来把艮岳的石头搬到别的地方，重新垒起来，就肯定与原作差太多了，真是历史悲剧。先有了大的艮岳，以后才谈得上小中见大。如果从没有大，从没有大中见势，谈何小中见大？小中见大必定是先有大，又下了一番更深的功夫精研浓缩，然后才能够小。

经唐宋到了这时，已经把山水之理穷尽了，研究透彻了，可是始终没有把它程式化。为什么？因为在穷理的同时又有苏东坡、米芾，这些人代表那个时代的思潮。苏东坡论柳宗元的诗，说："诗以奇趣为宗，反常合道为趣。"这里找一首柳诗来看看："海畔尖山似剑芒，秋来处处割愁肠。若为化作身千亿，散向峰头望故乡。"柳跟一位高僧一块儿在广西海边游览，描写的确实是西南的山势；同时他很想发挥才智，干一番事业；故乡是指都城，写下这首诗，准备让人带回给洛阳的亲朋好友。因为是跟和尚一块儿，所以诗中借用佛语，化作千百万个柳宗元，一下子散到峰群上头。何等情感！何等奇想！而且韵味隽永，"散"字用得非常有力。这就是苏的审美倾向。从里头我们也可以学到点东西，建筑也要有奇趣，但要合道，不合道的话，那就流于低级趣味、过眼云烟。建筑无非要合乎具体时空、特定需要和载体规律。而米芾是个怪人。一次他在宫里写成一幅字，自己很得意，大喊："一扫二王恶笔，照耀皇宋万古。""照耀皇宋万古"就是说宋朝他第一了。而这时宋徽宗就在屏风后头，毕竟也是个艺术家，于是他笑了，一看，连称好，顺手把砚台赏给米作纪念。米不管三七二十一就往怀里揣，一身是墨也没感觉。这也是反常，米芾反的是当时书法界崇拜的偶像"二王"。米颠喜欢一块石头，每次出门要给这块石头作个揖。

南宋时，"势"又发展了。有马远、夏圭画一角、半边山水，是从小的推想到大的，从画里推想到画外，这也是一种"势"。南宋严羽论诗也说："诗之极致有一，曰入神。"

李格非《洛阳名园记》里提到北宋已经普遍欣赏石头，还提到有一堆铁看上去有点像狮子，又有点像别的东西。后来就有人注解：这块铁大概是武则天时铸狮子没有成功剩下来的。我估计不是，而是废铁，可这与资产阶级腐朽思想联系不上。能欣赏石头的玉玲珑，为什么就不能欣赏废铁？不是每块废铁，是有选择的废铁，那时居然欣赏。不管怎么样，这反映了那时的石头主要还是作为雕塑来欣赏的。这是第四期。

风景法象

梅情："浮其主心目，心解乃置象"
"伫览国书绘，挠之归一描"

记忆形象
空灵
物象 — 情思（境界）
反朴
风骨 = 文·质

造园心原则 计成说了 因地制宜
人家又就部分让行走 心看这
建筑在风景中为主 而造园 质之
让有回护 仿素部和让为妙 要
老人心造出来心 计成指心屋之二者

郭熙 "饱游饫看"

宗摄方法：
"意行偏到无人处，惊起山禽双击凉"
幽静之极 与"鸟鸣山更幽"同趣。

冯纪忠先生有关苏州等地园林的调研笔记之一

人说苏州园林何处此之 自信"似"
之省人云每会，细察认不觉仔顿，盖
苏州园林（特别之苏州）何尝有什么自
信，地无挖的，山无什的，用什么，何围
为墙，那好处乃一些牵些外面之东西（景），
这之城市造园之要画法规，反而没有
能靠，权作之造园。以及要有光。

我看认这里想出当一意那就之"以中充
大"一切却也比而来，因为小，较之自
好景就有先天之不足，就要张补不足，
三项措施①障与透。②引动。
③意境扩展。联想。

所以所有近中远景，层次认问。云露
空气。所以推远 园中就方位，因以多
用博场 以代云烟。把层次拔远（相对）
指末空间说，还有空间，用透。红查出
样之之透，透露，被件不脱起票，忘习以票。

真透，透弄，意透

元明清是第五期。只有到了元明清，叠石才成为塑造空间的重要手段。加上墙体的运用，使得小中见大成为可能。此外，小中见大还有个联想的意义。

这个时期画家，元初有赵松雪，后来又有黄大痴、倪云林、王蒙，都有画作留传。这个时代书、画、印合为一气了。为什么？难道印章（水平）提高了？难道画退化了？我不同意那种每况愈下说。我认为主要是因为单独画、单独字、单独诗，意犹未逮，话没说完是有难言之隐，所以出之于含蓄；但又心有不甘，所以用其他来补充、提示，便于别人再创造，绝不是出于构图等原因。这在园林表现得最充分。例如狮子林，是维则和尚造的，有倪云林等人参加提供意见。当然现在的狮子林已经不全是那时的了，不过，估计大致差不太多。与其说狮子林写的是逸气，在我看来不如说是写的胸中块垒，还夹着一些无可奈何的情绪。

含蓄的另一面是酣畅，这也是风景园林不能遗漏的一面。所以到了明时又迸发了一次，代表作品我认为是十三陵。跟十三陵的气魄、气势比，后来的圆明园也好，避暑山庄也罢，都差了一大段。颐和园更不用说了，主体山景拼拼凑凑，龙王庙杂七杂八，大石桥比重失调，谐趣园更是画虎不成。

这个时代有本书很了不起，《徐霞客游记》，是科学也是艺术。无论是画还是文，园林也不例外，在这个时期主要是用作抒发灵性，表现情趣，欣赏艺术美、自然美，是超越客体的自由意志之境。[9]正如郑板桥说八大："横涂竖抹千千幅，墨点无

---

9 李戏鱼说。

苏州园林

拙政园枇杷园：

种植以枇杷为主，点缀以芭蕉，以竹丝限制部分画面

外围为乔木，只三棵榉树，一棵梧桐

注意树木配置：色与反衬，高度，疏密

地面与窗槅统一冰纹，地面则伸至铺得浅，拙远

三棵建筑轴线关系，平面之转折铺高突以强调

云墙平立曲线，界面软破，画家，高低变化

稳于陪衬，从界面多变与左高之比，属于畅

细部：一玻璃银不用挂落

廊通前后及心舫花栏各段一段

此园绣绮亭、听雨轩和海棠春坞都之借景

拙政园听雨轩：—

四界十两界助室

三休关落

拙政园海棠春坞：—

大小三院

细部统一，细缓

绣绮亭借景平台轮廓，以冰界通气

冯纪忠先生有关苏州等地园林的调研笔记之二

拙政园小沧浪水院：—
水面延伸于小飞虹、小沧浪、松风亭下。
东西列宴地。

拙政园玉兰堂：—
庭院大度适宜
花木洗粉、竹石配置佳
翻修细部处理并得法，以些望和窗些又佳
窗亦。

留园古木交柯与华步小筑：—
立于入口曲廊看起，先觉左右咸暗感
至古木交柯，一挑透高墙隐约见园内窗
妙在由于窗居多不同透望深浅暗暗
广度，故转到绿荫轩才觉开朗。
但绿荫轩东埠偏窗究属效笔。

留园：—
院宽与埠高比1：2，深远感。
花厅及半亭下水延伸，断桥均同一意
向中一桥可有（这一般手法）或水向西南...
叠石花木均得宜，白皮松重点

天平山云泉山房：—
　　由山径入门先暗，进而微明，至右开间地陵，
　　加之转折九十度，效果培陵。

蜀冈茶室协：—
　　地面乱石铺，散置平头石，配以竹丛
　　及乔木，极为苍劲自然。立山区某一处
　　为此。

?冈雅山紫琅茶社：—（承准提庵）
　　主院一面房舍，标高不同，楼错半层，
　　　斤宇俱佳，花木布置佳。
　　　耳小院

苏州已坑8巷7号书斋
　　斋顶改平屋顶，设下坡，後人感适舒，
　　种植?燥?款（由窗中看?西有景）

扬州新城风箱巷6号：—（广陵之社）
　　与上例同一型，惟为小地不自然。
扬州地官第4号（琼花厂）：—
　　与上例同一型，多一道园间??

苏州残粒园
　　高下之体耕合

多泪点多。"明王世贞则欣赏似是而非，袁宏道欣赏动态，李日华欣赏层次。清叶燮论诗已经提到主客体，他说："天地景物之无尽，耳目心思之无穷。"他把客体分为"理、事、情"，把主体分为"才、识、胆、力"，称之为"三合四衡"。当然在他之前，唐已有人论画时提到"神迈识高，情超心慧"，但没有把主客体结合在一块来讲。清郑绩谈画时把品格取韵分为：简古、奇幻、韶秀、苍老、淋漓、雄厚、清逸、味外味。金圣叹提到："人看花，花看人。人看花，人到花中去。花看人，花到人里来。"这是主客体互动。

　　以上是第五个时期。这个时候我们幸有实物，但是园林的可塑性太大了，易主每变，妙笔、败笔、谁属、何时，都是费周折的。

表1　中国风景园林的五个时期

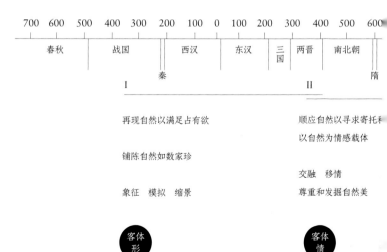

现在我们把这五个时期连在一起来看看表1。

这五个时期我把它概括为"形、情、理、神、意"五个层面。从客到主，从粗到细，从浅到深，从抽象到具体。这里要解释几点。第一，这五个字讲的是着重点，不等于说后面就不包含前面的。比如说，重理的时候已经有了"情"的底子。第二，为什么说到了元明清才是写意呢？前面几个阶段就没有主体的"意"吗？有，但是，真正称得上写主体之"意"，只有在形神兼备、情理并茂之后。只有掌握了丰富的词汇、熟练于遣词造句之后，才能真正写意。第三，那么前面是否一定没有后面的呢？比如说第二阶段的"情"就没有"理"吗？有，但极其粗浅幼稚。但是也有超时代的情况，比方说，萧绎提到"势"的时候，难道说没有一点朦朦胧胧的意识吗？有，但时代不到。因此到很晚，"势"才真正提出来，而且得以发挥。

难道柳宗元的《永州八记》这样的细腻不能说是在写"神"吗？在园林上还不可以。事物发展的规律中，在发生以前早就出现过若干因子是完全可能的，比如"二米"的米点之笔在敦煌的民间艺术中已有了雏形。第四，这样的分期似乎不够明确，每期之间有搭头，我看搭得还不大够。因为引证的不是诗、文，就是画，各种艺术载体不同，有其自身的规律。因此几样东西放在一起统一断代不大可能。就此，我很同意恩斯特·卡西尔（Ernst Cassirer）的《人论》中的观点，我们不能把艺术的东西根据政治来断代。比如说唐的诗文书画和宋的诗文书画，文可能断在晚唐，诗可能断到五代，画可能断到南宋。所以载体不同，结构不同，不能"一一对仗"。

另外有一点想解释：这样的分析是否可以完全包容风景园林这个复杂的现象呢？我认为只能削尽"冗繁"，才能现出本质，现出最活跃的因素。园林最主要是要从人和自然共生这个问题来看。有些历史上关于园林的描述跟园林发展是不应扯在一起的。比如秦汉苑中，蹴鞠、骑射、斗鸡、走狗、圈、厩、笼、围，这些都对园林发展起不了作用，或起不了主要作用。晋武灭吴，大掠美女置于苑中，随羊车拖到哪里是哪里，像这种内容跟园林的发展有什么关系？因此属于"冗繁"。

下面把日本的园林史和中国的比照一下，看看表2。

日本6～7世纪已有园林，叫池泉园，一池三岛（其实一池三岛原指的是他们自己）。因为尊重外来文化，像茶道、剑道等，园也成为道的一种。从中国去的文化被一笔未动地保留，造园者被尊称为国师。后来是寝殿造，无非是大的三合

表2　日本园林史

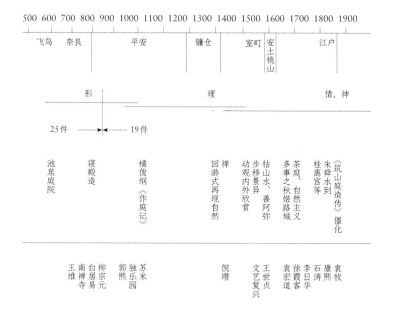

500	600	700	800	900	1000	1100	1200	1300	1400	1500	1600	1700	1800	1900

飞鸟	奈良	平安	镰仓	室町	安土桃山	江户

形	理	情、神

25件 ——→ ←—— 19件

池泉庭院	寝殿造	橘俊纲《作庭记》		回游式再现自然	禅	步移景异 动观内外欣赏	多事之秋姬路城	茶庭、自然主义 善阿弥	朱舜水到 桂离宫等	《筑山庭造传》僵化

王维	南禅寺	白居易	柳宗元	郭熙	独乐园	苏米		倪瓒	文艺复兴	王世贞	袁宏道	徐霞客	李日华	石涛	康熙	袁牧

院、四合院当中置景，模拟山水。因为规模小，所以一开始就是缩景。到了平安时期，造园理论家橘俊纲在《作庭记》中强调：造园应当把看到过的、记得起来的东西进行分析、过滤，然后有步骤地重新组合。现在这叫作"解体重组"。橘俊纲这样提，其原因是总结经验吗？还是不满以前的实践，强调程序，防止不伦不类？可能是为了纠正时尚吧。到了镰仓时代，再回归重现自然、返璞归真的禅意。此时有一位国师名梦窗疎石。到了室町时代，出现枯山水。其代表人物是善阿弥，这时已提出步移景异。再往后安土桃山时代是一个动乱的时代，庭院缩小，主要精力花在堡垒上。但也有规模小的茶庭、枯山水。枯

山水讲求幽、玄、枯、淡，茶庭讲的是和、静、清、寂。[10]17世纪中叶正好"外国专家"朱舜水到了日本，很受尊敬，古今中外都有这种现象。桂离宫有可能受些朱的影响。朱大概不是一流的学者，他并没有把元、明的园林精神带到日本——当时最好的桂离宫没有写意，没有达到我们的第五层面。

日本园林发展的顺序，一是"形"，二是"理"，三是"情"与"神"。和中国不同，因为理念是外来的，所以橘俊纲感到"理"太不够了，于是强调师自然，这是方法论。总之，都是"理"，最后达到的必然是自然主义。久而久之把自然弄得非常自然，那就是不自然了，感到不够了。禅宗的传播渗入了"情""神"，于是日本的园林很快地发展起来了。

总结来说，中国园林发展是循序渐进、自然的，"形、情、理、神、意"就像老人脸上的皱纹，一层一层叠上去，刻着悲欢离合、喜怒哀乐的痕迹，不知老之将至啊！而日本的园林本源是外来的，一开始有点像纹身、画花脸，纹路不是自己的，所以继之以"理"。道理讲通了，正好遇到禅，于是从"情"走到情理形神交融。

中国现存的只有明清的园子，而且大都已经变了样子。而日本园林可以让我们想象出中国宋园是什么样子，所以是对中国园林史一个极好的补充。像14世纪保留下来的永保寺、西芳寺都是宋时期的式子，至今仍保存得很好。有一篇日本的论文讲，从奈良、飞鸟到平安时期，日本保存了25个古建筑，而中国才有1个。日本从这个时期往后推到11世纪，还有19个

---

10 程里尧《日本园林艺术》。

项目。我国独乐寺是这个时期的，据说观音阁的梁架都要塌下来了。恐怕以后我们找中国的文化都得去日本了。难道还不足以刺激我们加以深思吗？但我们也有办法，发掘出一个兵马俑，就造它几百个，以假乱真，可以外销。兵马俑世界随处可见，用不着来西安，不过俑终究小巫见大巫。

园林史，中国和日本还有所不同的是，中国有两条线。一条是帝王的园林，一直发展到清末。从推动发展来看，作用不是最大。另一条线从六朝开始，就已有文人名园，这条线很重要。而日本不同，园林都是王公贵族之物，有的造在得势之时，有的造在失势之日，失势时的如桂离宫。枯山水和中国的遁隐寄情山水不同。桂离宫的主人可不好受，经常处在监视之下，所以园林作用是"韬光养晦"，游赏作用倒在其次。茶庭中，从进门一直到钻进喝茶的小屋，地面参差铺着条条块块的石头，叫你走路低头，把心静下来。中国的步移景异则是扬头欣赏。日本小，地面铺设如此考究，实际上是苦心提醒读者不要重蹈历史覆辙。南唐李煜国破作囚，不是悲吟出"小楼昨夜又东风"，招来了御赐鸩酒吗？日本对中国的历史是读通了的。中国园林讲求"引、趣"，日本园林讲求"抑、静"。

把中日园林具体比较一下：枯山水表现了作者的超前意识，力求把抽象的意向化为实体，来展现预期的价值。通过的方法是：把早先已经由整体分解而成的定型单因子依照选定的程式，组装成整体。追求的是天衣无缝、像自然，恰恰是在摆脱个人意志，从而推向凝固、惨淡、无生气。这正符合出世顿悟的禅意，它留给特定的读者极度寂静、内省的天地。特定的读者要有相当的修养，一般人无法读懂。所以，也容易走向程

苏州畅园　字□宏太多，纬绘。□卷□□□直□□□
苏州鹤园　曲廊甚□□畅园□。建二向□□□□□
""捌翠山土（□丘）　□地园型　（园水□□，
用湖石叠山，山上□觉□□，□□□□□
借□□，□□□□□与□□□□□□□。□
□□，□□□□□□，□□□□。
环美□□　□□
□圃　□□□山　□□□□□□□□□□□
□□□□，□□□□□□□，□□□□□
□园
扬州　夕园．园□，风潇洋阔．

英国□园草皮□□，□□□草面□□□
□底□，□□□□□，□□□□□□□□□
□□□□□．□□水□和□配，□□□
□□□．中国园林没有草皮，□大□水□
□底□，没有□□□□，□□□，□□，□□
□□□□□，□□□□方草面和□配．一□□□□
□□□空□□．草□□□，□□园林□□□

冯纪忠先生关于英国园林与中国、日本园林对比的研究笔记

064

式化。到了相当于中国清朝时期，日本园林走向和书法中的行、草、楷直接"对仗"的道路而趋于僵化。

而中国的写意园，作者是直觉综合地描写整体的意象世界，追求的是气韵生动、残缺、模糊、戏剧性、似是而非，正是在摆脱客体"形、理"的束缚，任意之所之，任主体之"意"驰骋，从而导向不确定性，导向无序。这正符合入世的陶冶情趣的要求。它留给不同的读者以不同的感知意义和不同的符号意义，也就留给他们广阔的余地去再创造。但是，容易走向庸俗化。

从中日这一点上的区别，可以看出，为什么西方现代主义理性时代发现了日本，而后现代时期必将或者说已经发现中国。

下面再看看英国园林的发展（表3）。

英国的园林发展得很迟，17世纪末才开始，大体分为三期：

第一期为17世纪末～18世纪30年代，这段时间法国园林盛行。英国部分文人反对修剪术，如布里奇曼（C. Bridge-man）、坦普尔（Sir N. Temple）、蒲柏（A. Pope）、肯特（W. Kent）等。他们反对对称、直线型、球体、锥体等，热情于自由曲线，但仍然是洛可可式的人工曲线，而不是自然曲线。

第二期是18世纪20～80年代，自然园形成，提出了"园林是最伟大的艺术"。代表人物是布朗（L. Brown），他造了不少园子，追求温文尔雅、完整，但是伤感乏力，后来渐趋程式化。当时已提出步移景异、师造化、师画等论点。

第三期，即18世纪80年代以后，同时出现了三本园林理论书。普莱斯（U. Price）求反常合理之趣，求意料之外，引

表3 英国园林史

年代				
	17世纪初输入大量花种 开始反对修剪术（topiary） 法人第一次观察到中国叠石			
1700	辉格（Whigs） 自由主义 理性主义	第一期 山水园 情	查尔斯·布里奇曼 （Charles Bridgeman） 坦普尔（N.Temple） 蒲柏（Pope） 肯特（W.Kent）	界沟（haha） 热情于自由曲线 （但仍系Rococo型）
	强化自然是艺术 园林是最伟大的 艺术	第二期 画意园 理	贝利·兰斯利 （Belly Laneley）	步移景异 师造化——丰富、深度 师画——组合、布局
			沃波尔（Walpole） 布朗（Brown）	不对称 追求温文尔雅、完整 伤感、乏力 渐趋程序化
1800		第三期 野趣园 神	马歇尔（W.Marshall）	审美趣味像王维
			三本书出版： 普莱斯（Price）	求反常合理之趣，意料之外 引起刺激而刺激是享受之源， 喜围合空间，门的效果
			奈特（Knight）	求情景交融，发之于心，野趣， 美学先驱
			勒伯顿（Repton）	求手法，嘉者彰之，俗者隐之， 远借
			特鲁德·杰基尔 （Gertrude Jekyll）	整体效果，不在新奇，园林的 目的是使人愉悦、畅爽，是抚 慰、陶冶、提升人们的心境， 从而进入崇高的精神状态
1900			（法）莫奈（Monet）	求天人合一 "我最大的长处在于能够顺应 本能，因为我发现了直觉的力 量，让它支配我，使我有了可 能把自己认同于大自然并融于 其中"

参考：Pevsner, Berrnall, Jellicoe

066

起刺激，他说，"刺激是享受之源"，欣赏围合空间和门的效果。奈特（R.P. Knight）则求情景交融，发之于心，追求野趣。勒伯顿（H. Repton）则讲究手法，嘉者彰之，俗者隐之。[11]

试归纳为：第一期重情，第二期重理，第三期重神。可能分别称为山水园、画意园、野趣园更明确。英国的园林起步晚，但是时代不同了，世界变小了，理性主义和自由主义是主导思潮。从古今内外汲取营养，使英国园林迅速摆脱了法国式的"重形"的羁绊，在150年内走过了"情、理、神"三个层面，生命力极强。加之乘对外扩张之势，19世纪以来，几乎可以说是英国式园林的天下，好像非英国式不足以称为公园似的。可是，出口的英国式公园似乎较多地回到了布朗的温文尔雅而较少野趣，仗剑装儒雅，这也是符合历史需要的吧。总之，英国园林还停留在自然主义，没有达到重"意"的层面。

这是为什么呢？从普莱斯等人的三本书来看，一切条件都具备了。首先，就自然元素而言，动植物、矿物的科学知识，英国是走在前面的。但作为审美对象、组景对象，那似乎不及五代对山水之情理结合的分析。它哪里有那么多皴法？哪里有爱石成痴的米颠？18世纪英国也效法过中国的叠石，但是很不像样。其次，就园林的作用而言，19世纪的特鲁德·杰基尔（Gertrude Jekyll）才明确说到整体效果不在新奇，"园林的目的是使人愉悦、畅爽，是抚慰、陶冶、提升人们的心境，从而进入崇高的精神状态"[12]。这不就是"畅神"吗？中国的"畅

11 N. Pevsner. *Architecture and Design*, G & S. Jellicoe. *The Landscape of Man*.
12 J.S. Berrall. *The Garden*.

神说"提出来早多了。普莱斯等人不过把总效果概括为三：秀丽、雄伟、画意。而明清的提法要细腻多了。至于手法，除叠石之外，直截了当地利用墙体，那更是中国之最，没人及得上。

若这么说，层面以重"意"为最高，日本、英国的园林都不及。这是否有点自我解嘲呢？动不动从故纸堆里找些东西说，"我们早已有了"，那就没有意义了。层面和质量水平可不是一回事。现存的园林能说日本的西芳寺、桂离宫不是最高水平吗？艺术的发展不同于科学。科学是突破关系，后者突破前者，前者只剩下历史价值。艺术是共存关系，各自因其质量的高下而长存或消逝，如同毕加索和伦勃朗可以共存。层面中重意的"意"是指主体意向，而意境属于审美范畴，则是无层面不有、无层次不在的，所谓境界则又是指对应的经主体意境强化或再现的客体。

对风景的生成和主客体相互作用的认识，中国确实早！郭熙所强调的审美对象——山水，不是抽象的音、形、色的组合，也不是静止的完整的比例、和谐，而是生动的自然形象，不同于概念化、类型化的山水。他已经触及主体——人的生动。[13]到清代叶燮论诗已经提出"三合四衡"，涉及主客体的结构了。当然他们还都不可能意识到文化积淀、潜意识，也都没有提到哲理的高度。但是，直到18世纪英国哲人休谟不是也只是说："美并不是事物固有的属性，它只存在于观者的感觉之中。而每个人的感觉是对不同的美敏感的。"他也没有说到反过来的

---

13 朱彤说。

一面，那就是：主体审美意识的结构同时也会为了适应客体的结构而改变。

我们再看看明代李日华论画，他把客体分为三个层次：身之所容，目之所瞩，意之所游。他的话用今天的话来说就是三个层次的环境或景观，是客体。客体被主体接受了，接而受之了，就在感觉中生成为风景，即景色（身之所容），景象（目之所睹），意象或风情（意之所游）。

这时我想举个有意思的例子。"初唐四杰"之一王勃在《滕王阁序》中开场白写道："星分翼轸，地接衡庐，襟三江而带五湖，控蛮荆而引瓯越。"这是"意之所游"层次。当时太守听到这里没有讲什么话，因为，当时"分野"的概念已经是老生常谈。但他从大的环境定位"襟江带湖"，气势不小。他写到"落霞与孤鹜齐飞，秋水共长天一色"，四座皆惊，太守赞叹道："好！"我们今天说好，和当时说好又不同。当时景象就在眼前，而我们是联想当时情景。王勃寻父途中参加文赛，出席的净是些知名人士，能够即席写出这样脍炙人口的名句，和今天张文东连胜日本三位九段无异。棋讲气势，没有功力不行，但更在于气质。格物及人，感染我们的也就是这个亘古及今的"气质"。待王勃再写到"画栋朝飞南浦云，珠帘暮卷西山雨"，已讲的是"身之所容"的层次，就没有什么了不起的内容了。

讲这段的意思是说析"理"，在中国过去不是没有，可惜没有接下去。主客体互动、主客体的结构都接触到了，但是没有达到科学化的水平。现在我们这方面必须向西方学习，来丰富自己。这是值得我们注意的。

西方也有他们的问题。西方的理性主义缺乏直觉整体地把握事物的一面，同时也欠缺对自然的"情"。柯布西耶这样的大师，建造昌迪加尔的意象也还是人体，没有把人和自然结合起来。这是西方传统。巴西利亚又是如此，理念是哲理意象，与自然无关。柯布西耶非常欣赏北京城。当时他还对中国南方城市一无所知，"钟山龙蟠，石城虎踞，负山带江，九曲清溪"的意象或许会给他更丰富的启示。现在的后现代主义，"结构"或"解构"，结的、解的都是梁、柱、板、壳一类的人工物，"自然"没有作为元素参与解体和重组，自然而然也就少了综合、直觉、整体地把握事物。

拉维莱特公园（La Villette）公园设计本应是自然和人工物的结合，自然在公园设计中变为几个叠合片中的一片，但设计者却还生怕人掉在自然之中丢失了自己，因此打上方格，在交点上摆上红色雕塑。这样能够"心凝神释，与万物冥合"吗？

其实西方也和我们一样。席勒老早说过："心灵用语言表达出来时，已不是心灵的言语了。"也就是说，不从整体把握心灵，分解组合后就已是心灵的变相了。200年来西方人对他的思想听不进去，就跟我们对"理"听不进去，"不求甚解"一个道理。至于席勒这句话的深刻是无疑的，不过心灵变相变的幅度则随时代的认识结构而发展，这点有待细究。

现在西方从发掘老庄、参悟禅理，将会走向明清性灵。这样说难道过于武断吗？有位英国同行巴斯（G.D. Bass）1986年在一篇狮子林游记中写道："……它们好像经受了开天辟地的狂风、暴雨、烈日的肆虐，好像老翁脸上的皱纹。好像是从天外星球飞来似的，扭曲、怪诞、奇异。有些使人联想到早已失落了的远古祭祀仪式上矗立的巨石。另一些又像某些超现实主义画幅上惊人的形象。好像这些石头捕捉到了峰峦的荒蛮神髓，揭露了场所精神，但不是那单纯的现世的场所，而是某个更深刻含蕴而永恒的场所精神。这场所久远以前是人们熟悉的，而今只有从这些苍老石块的形状和光影上才能或明或暗地领略得到。其中最高大也是最抽象的石头矗立在山顶，那样离群特立，各具庄严自尊的神采。这样异乎寻常的形象吸引着人们持续地欣赏和品味，如入幻乡，如入梦境……"拙见认为，对西方来说，这篇的重要性绝不下于一本"剖析"东方哲理的著作。

今天，东西方算是"殊途同归"了。我们一是要对"理"加把劲，二是不能放松整体把握"情"，因为"情"淡则"意"竭。

再扯得远些。当今对自然的认识，对人与自然关系的认识可是无论深度广度都大大发展了。太空、宇宙景观，海底、两极景观，微观宏观，铺天盖地地触动着审美意识结构，扩展着审美客体对象，这还不足以促使我们重新全面审视一番形、神、情、理吗？

人们已经越来越深刻地从生态环境的角度理解智力圈的意义。不见酸雨、核废、垃圾等吗？谁的认识落后是要付出代价的，这用"有了数理化，什么都不怕"的眼光，也是看得到的。但是对理应与物质生态紧密结合的审美精神环境的研究，则只能算是刚刚起跑。信息时代，一旦认识，发展起来是很快的，差距的拉开也就很快，而代价可是深层而更为可观。这就是紧迫感所在。

旷奥园林意

景

"我们在理论上也有桂离宫"*

教学相长，教有苦、有困，然而有乐。

我觉得，在当今中国，建筑的理论、评论还很少。我们需要更多的理论，需要更多的交流，在我的学生中，就有不同的意见，就是要有不同，才能有所促进。

年纪大了，回想过去，可以看到建筑意识的变化。过去考虑功能，后来发展到空间，再后来就是环境，但还是停留在物。到了20世纪七八十年代，人的问题提出来了。

这两年，在国外。这次回来，感觉变化很大，有个重要感觉，就是理论方面，你说你的，我说我的，我们需要交流，需要有个共同语言，这就要求我们能贯通中西古今。但我总觉得，我们好多思想是西方的，有些又是未能融汇西方和古代中国的复制品。对中西都未吃透，这个问题在理论上要说清。在贯通中西古今时，认识和发现中国古代的思想精华尤为重要。

我觉得这个问题和日本曾经有过的经历相似。日本人也不知自己过去的东西好，是西方人发现了桂离宫，发现了桂离宫的价值，日本人自己才觉悟到。我们在理论上也有桂离宫，发

---

*根据冯纪忠先生在1995年5月的一次谈话整理。现在的标题系编者所加。
——编者注

075

现中国古代的思想精华并将它转换出来是我们的目的，我们一步步向前走，不是单搞出自己中国的东西，而是和西方同步搞出世界的系统。我们现在既有介绍西方的丰富资料，也有这几年建设的正反资料，现在正是时候。

教学杂忆

我们的专业叫建筑，这个"业"也有个限定。重要的前提是在一个重力场之中，天上的水下的不在我们的业之内。

重量从上到下直到基础地基。凡承重的叫结构，不承重的和节点处理叫构造。

建筑设计是进行科学分析与主观想象相结合的过程，是一个实现特定的功能需要与特定的环境与条件尽可能完美结合的过程，不宜先有个固定不变的设想，而是应逐步发展设计构思。

城规与单项学科关系：单项认为是功绩者有可能从城规看是蠢事。犹如医疗记录中手术栏内是"成功"，而病人栏内是"死了"。

何谓城市设计（urban design）？公共空间的序列设计和边角处理。

◎初步设计是设计的转捩。抽象的要求经过组织综合到具象，无形到有形，但不可避免"无"中还是有个"形"的。有个"形"有好处也有妨碍，因为此"形"是心存已有的，源于设计者的直接经验，也可能是人家已有的，不是自己的。所以此"形"必须是可动的、可发展的。

设计的内容就是因素的摆法和由是得出的空间组合，方案的产生、评价、删并、相对的最优化。

1978年5月、1979年7月，冯纪忠先生应时任安徽省委第一书记万里的邀请，两次到合肥参加中国科学技术大学校址论证。在这两次会议上，冯先生提出：放弃董铺岛方案，在完善当时主校区（现科大东区）的基础上，考虑建设安徽大学对面新校区（即现科大西区）。四十多年过去了，中国科技大学的校址基本遵循了当时的规划。以下三页图是冯纪忠先生发言前，在科大工作手册上写的讲话要点。

城市是不断生长变化的有机体，动是绝对的，静是相对的，建筑其实亦然。

规划者，因势利导，使其合理发展，摆正关系。

部分与总体、部分与部分、因素与因素之间：

科大选址意见：

科大的迁而选址有三。一，七里甸选址。二、东郊选址。三、安大对面选址（与原址相连接）

......

◎由有形到无形是规划的转捩。

◎意在笔先，但笔不在手，这就必须反复坚持与调整，无形以观其变，有形以制胜。

总之，分析—综合，比较—决断，是我专业的"专"之所在。

发展生产，提高生活水平，哪一样不在建筑中进行。保证生产、生活人为环境的"效率"是功能也是经济，而且是长远的经济。施工经济是一时的，但整个说来影响周转也要紧。

如果理解设计快就是效率，那是本末倒置。设计是精心问题，一再呼吁要给设计者时间，以快而沾沾自喜者，不智。要效率就动不动要这个那个设备，不对。首先要逻辑思维。

因此，提供个人臆想、个人主见、个人意志等得以表达出来的客观条件是很重要的。

所有有关的人对目标似乎一致，实际并非真的一致。

这个见解容易被几句话否定："是否书生气十足""是否繁琐哲学""是否不值得认真对待"等等。

要素求定量化，就可以比较鉴别，科学化就是认真对待。

协作者之间对话求精确判断方法。

目标拟定、检查和修正，使价值估计的进程更透明，可推敲可复核，以扩大对求解问题认识的范围。

◎结构教你选取断面如何合理、经济、精确、详尽，而艺术教你夸张、表现力，两者不能成为对消，弄得好，可成为互补，平衡工作就是设计。

◎街心小园设计重要的是如何看待，是当成自成一块呢，还是当它只是底色，还是当作处理整体的边角。

尺度看得大反而小，尺度看得小反而大。

街景立面的重要性不像臆想那样，由于行道树遮了大部分，统一的需要像靠右走那样不用多说。

◎历史延续好像：一酒席中，晚到入座，感觉怎样？如果我一到，一桌避席，打断气氛，煞风景，触目。如果我一到，无人搭理，不知往哪坐，局面尴尬。一到就和其中一位不停私语，满席站等，可厌。——招呼到，好些，适可而止，不然显得世故。

首先自己要既谦逊，又有风度。尊古而自重。

建筑情、人情一个样。

社会固然需要一定数量具有宏伟形象和纪念性的建筑，但更需要具有地方风格、传统特色，富于民间和生活气息，浸染着自然、文化情趣的建筑。

◎反常为趣，但要在知常的基础上。

后现代主义（Postmodern）若没有现代主义（Modern）对材料、结构、功能等等的熟识，没有手法变化的纯熟，何所反？不知"常"为何物，而故作态，搔首弄姿，那是野狐禅，自以为离形写"意"了，实则庸俗可憎。

◎反常合道：杨小楼的裂音、杨宝森《文昭关》的爹娘啊、肖邦的《即兴幻想曲》（Fantasie Impromptu）正如诗歌中正常韵律中的突破变换，更能使韵律显出提神的美感。

◎说到建筑师的质量，受物质条件、功能要求等等束缚，而不能自拔，因而形成贫血、冷漠、暗淡、平庸的面目，和沉醉于一时"灵感"，生拼硬凑、牵强表面，因而形成空虚、轻浮、畸形、脆弱的躯壳，都是不可取的。拾人牙慧、人云亦云、生搬硬套的陈词滥调，就更等而下之了。

至于业主意志主导、设计思考时间过程不足、利润着眼等等，那都是属于外部原因，非我所知。

◎建筑教学经常是在心、物、情、理、分析、综合等等矛盾之中，例如画法几何透视与徒手素描。素描课中教你画人头时最好不看成人头而是面、线，甚至头与背景一体，这时看到的不是这人头而是人头特性诸项中选取和发现的几项。画法几何透视课中教你画人头则是另一个情况，教你看人头时最好把它归于几个条条，比如从额经鼻到颌一条经线，耳朵长度与自眉到鼻尖一样等。这时画的不是这个头而是把它纳入和补充到你背诵得出来的那套二分面、四分面、五分面等模式之一中去。这两种培养是很矛盾的。

又如结构教你选断面如何合理、经济、精确、详尽，而设计教你夸张表力。

◎康乾搬抄江南园林，而江南园林正是写的"不满"之意、反正规的意，所谓反常，所以抄了去变成正规了，"死意"了，形也不在了，当然毫无生气。以寄畅（园）与谐趣（园）为例。

◎圆：哥特（Gotik）的玫瑰窗（rose）的圆高高在上，中国的圆门圆心在人眼高度或按人身高度。

◎如何走向世界？不是自己走向世界，是作品自然而然地走。走向自己的内心愈深，则走向世界的前景愈宽。

◎先要大家敢于、乐于、善于、惜于穿衣，才谈得上建筑风格（自注：是80年代末说的，世纪末果然双双琳琅）。

◎每个人都是一盘棋局的棋子，但要理解为围棋的棋子，一样的白黑，发挥位置上的作用，不是象棋上面有字的棋子。可以是布局的子，是对阵的子，也可以是打劫的了。轮到打劫之用，又有什么办法？

1998年

皖南好风景*

皖南这么好的风景，下面我想就开辟风景问题谈谈个人意见。

风景区，不是说要我们造风景区，而是等待我们去开辟，当然不排斥对一些原有知名的名胜古迹加工整理，可是我们不能永远步和尚、道士的后尘，永远踏封建士大夫的脚印。固然，和尚、道士是我们祖先的一部分，他们选择的地方很好，我们应加以整理保护，不过当时有当时的情况，有当时的条件，唐宋时候人口恐怕不太多吧，几千万，顶多一个亿，现在人口是那时的十几倍。那时旅行可难呀，到这里来玩恐怕太难了，譬如说跑了那么远路到了歙县的太白楼一看，不得了呀，经过那么累的路，一看前面有练江，对面一个楼，往往诗兴大发，和我们现在比不一样，我们现在要求高。过去"空山不见人"那种诗意，现在不可能，到处是人。难道就不美？我记得有一次到石林，感到石林有少数民族舞蹈特别美——不一定没有人才好看，有点人的色彩很好。我记得在某地一个山洼演奏

＊1978 年 5 月、1979 年 6 月，冯纪忠先生应万里邀请，两次到皖南九华山、齐云山等地考察调研，为规划九华山风景区做准备。第二次调研结束时，冯先生在当地做了题为《谈建筑设计和风景区建筑》的报告。本文是该报告的摘录，标题为编者所加。——编者注

交响乐，在附近的山洼都听不见，可一进那山洼，一片人，也很美，所以人多人少也要变的。

对风景，欣赏工具现在有汽车，过去是坐轿、骑马、骑驴，速度不同，因此走的路也不同。我们要平平的宽宽的，转弯半径也不同，走路可以90°转弯，骑马要稍微有一点半径，汽车的话更大，因此欣赏的风景也不同了。不过有共同的问题，风景主要还是看，给人感受。所以我们要开辟风景，就像扫描一样，我们找风景也要扫一遍，不会全国乱跑一遍，要有选择。我们找到有一个点风景很好看，这是个视点。我们找到两个视点看山就看得全一点了，看到立体了。有诗人讲"安得帆随湘势转，为君九面写衡山"，他就是想要围着看山，顺着湘水可以从九个面看，多面的意思。九华山，不一定九朵莲花，意思是很多莲花。不管几面看山，"横看成岭侧成峰"，都是景外视点。可在里面看就是景中视点，将许多画面集合起来形成一个空间，当然画面的集合，也包括天、地两面在内。景外视点是人站在外面欣赏，景中视点则是空间的感受，不过实际上没有什么景外视点，实际上还是景中，仅仅是另外几个面的重要性不够。也就是说只有一方面起积极作用，起感受作用，另一些方面不起积极作用或起消极作用罢了。我刚才讲景外视点从这一点移到那一点，山峰变化，是逐渐地变化，这是讲一个峰。如果有三个峰，那么在外面视点转移时看到三个山峰的几何位置的变化，给我们的感受还是渐变。如果这条线在标高上不与刚才讲的"帆随湘势转"标高相同，而是起伏的，那么变化更加强化了。动观比静观给人感受更大，这是说景外视点的转移，景中视点的转移也一样。从这个景中转移到那个

1978年5月，冯纪忠先生第一次考察九华山时，在笔记本上画的甘露寺速写

景中的话，变化就更大了。"柳暗花明又一村"的确变的感受很大，所以我们现在可得出这样的结论：只有景外视点转移到景中，或景中视点转移到景外，或是景中视点转到另一景中的视点才能加强我们的感受，而其中从景中到景外感受最强。有人会说李太白说"众鸟高飞尽，孤云独去闲。相看两不厌，只有敬亭山"，他动也没有动，坐了大半天，他感到敬亭山和他息息相通，这感受怎么解释？因为他坐了半天，虽然没动，但景色还是变了，先是众鸟飞了，后来孤云也飞了，人没动可是还是动，仍是动观。可这个动观由画面集合来给他感受，而不是一个画面，不然就像看一幅山水画了，他怎么能看出山的动态、山的精神，再感到"相看两不厌"呢？不过取得这样动观要花时间，我相信李太白坐了大半天，像我们旅行团赶鸭子那样从这里赶到那里，我相信得不出"相看两不厌"的结论。再加上那时他大概有点诗意，一个人坐在那里冥思才和山的精神相通，人肯定很少。不过我在这倒有点启发，刚才说一个视点有一个感受，视点一个个转移后有一个总感受，总感受应该等于各感受之和吗？不是的，总感受可以大于各感受之和，要看你安排。假如一游览线长度不变，可是有几种走法，假定从景外视点到景外视点或是景外视点到景内视点，或者从景内视点到景外视点，反正长度不变，但总的感受不同，所以和总感受有关系的有三个因素——长度、时间，再一个是变化的程度。这四个东西之间是个错综复杂的关系，我们如果掌握这个关系，就可有意识地加大它的感受。刚才讲的李太白坐了没动，变化的程度就靠孤云和众鸟，所以就靠时间，不过时间长到一定程度就厌了，关系是一条曲线。总而言之，我们可以把这四

1978年5月，冯纪忠先生第一次考察九华山时，在笔记本上画的老鹰峰速写

个的关系好好加以考察，比如时间和速度是相反的东西，时间同长度。如果坐小电动车很快到苏州拙政园走一圈，长度没变，肯定总感受少了，因为它的景色就是要你步移景异一点一点逐渐感受，你坐小车很快跑一圈，感受一点也没有。有时我们希望把时间加快，比如那里有座山，里面有一湖，高原的湖很漂亮，碧绿的，山是带红色的岩山，到那里去要翻几个山头，累得要命，因此开了一个山洞，效果完全不同，缩短距离，取得突变的效果。我是不主张有的地方坐缆车，假如这地方环境和九华山情况一样都是竹林，那地方也是竹林，吊车上去看到又是竹林，什么也没有变。如果慢慢一步步走的话，连这里的小变化他也能感受到，时间拉长了，总感受不一样。所以我不是一概反对山洞、吊车，而是要看情况，目的是加强总感受。这对开辟风景区时对线路的安排、速度的安排有一个基本的估价。当然开辟风景光有这还不行，这仅仅是基本的。我是强调动观，当然静观还是很重要。静观一般讲都是高潮，都是尽端，"行到水穷处，坐看云起时"是感到最开心的，坐下来了，所以动观和静观要辩证来考虑。这样一看苏州园林步移景异这一套是简单的。扩而大之开辟风景、造园都是一个道理，能否用于一般建筑上呢？一般有，不过不是那么强烈，在工厂里也搞什么感受？当然工厂里也有，但不是那么强烈。刚才说如果把目标分析清楚，把它放在应有地位，第一建筑不一样，道理还是一样。或许有人问风景的美感好像只来自眼睛？是片面又不片面，但是它是主要的。当然我们到这里来"菜鲜饭细酒香浓"，对风景是肚皮一饱，越看越美，所以味觉和视觉，关系很大，所以到山里，鸟语花香，熏风清气，哪一样东

1978 年 5 月，冯纪忠先生第一次考察九华山时，在笔记本上画的拜经台速写

西没有关系？泉声鸟声都属风景美，不过视觉看到画面是最最主要的。讲了半天空间感受好像很虚，我们组织各种空间感受，有这条线就可理一理思路。空间感受究竟有哪几种？我们把它有意识进行安排，它就会起加强总感受的作用。

刚才讲视点转移问题，现在讲空间感受。说出来也很简单，文人雅士、诗人有很多话来形容空间感受。真正说得出的还是柳宗元，他说"旷如也，奥如也，如斯而已"。他胆多大，空间感受就此两种，一种就是旷，一种就是奥，我们组织空间选择线上有的地方奥，有的地方旷，把它有节奏地加以组合，如斯而已。当然我们开辟风景要根据开发的程度、旅游工具的发展而定，美国的黄石公园是很荒的大自然，也是风景区，我们将来如果可以坐直升飞机到喜马拉雅山去逛一圈的话，喜马拉雅山也算是风景区，这就在于我们的工具问题，在于我们的工具到得了到不了的问题。如果那样的话，是不是黄山的生意被抢掉了？当然不会的，因为各有各的美。我们要选择适当的工具来适应各个适当的特色来进行开发，这样我们范围扩大了，就两样了，不是什么文管局专门看"明以前的才算风景，明以后的不算"。当然国家在保管文物上经费分配有一定比例，那没有办法，但我们开发风景不一定这样。那些村庄可能没有什么明朝建筑，甚至连康熙乾隆时代的建筑也没有，可它作为一个整体很有保存价值。

组景刍议[*]

风景点是自然风景区的精华、核心或古迹所在，是其中特别值得逗留、浏览、凭吊的地方。所以开辟风景首先需要对此进行一番搜索，选择观赏景色的视点，更确切一点说，是选择观赏景色的诸视点。设若对象是一座山，从一个视点看，看到的是它的一个面；从多个视点看，看到的画面集合是它的体量体态，那么对它才有"横看成岭侧成峰"的较深一步的印象。不管一个视点也好，多个视点也罢，这都是人在景外，可称作景外视点。如果从一个视点扫视周圈，那么看到的连续画面构成视点所在空间的视觉界面，这里称为界面者当然包括天地二面在内，这是人在景中，可称为景中视点。对于景的感受来说，可以这样理解：景外视点是旁观，景中视点是身受。严格说来，景外视点仍是在大一层的景中，不过从风景美的角度来看，周圈之间只是对象一面含有积极意义而已（图1）。

试把多个媒体视点串连成线，如果对象是三个峰，那么随着导线上视点的移动，三者的几何位置不断变化（图2）。有个诗人曾写道："安得帆随湘势转，为君九面写衡山。"这时

＊原载于《同济大学学报（自然科学版）》1979年第4期。——编者注

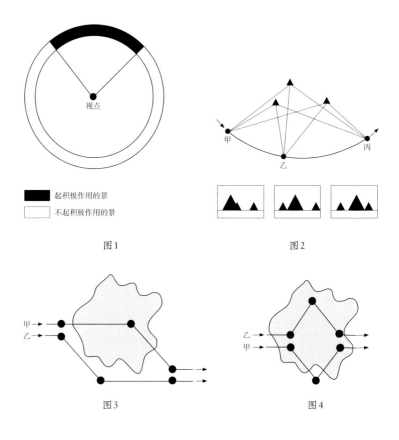

起积极作用的景

不起积极作用的景

图1   图2

图3   图4

导线虽然曲折，而视点则始终都在同一标高。设若导线不是湘水，各个视点的标高也不同的话，那么衡山诸峰此起彼伏，变化就更为强烈了。又如把景中视点在同一环境中移动，那么这一空间的视觉界面也不断有变化。以上情况都是渐变的动观效果。只有从景观外视点转移到景中视点，才会取得突变的动观效果，峰回路转，别有洞天。"山重水复疑无路，柳暗花明又一村"，正是这种情况。

譬如图3有等长的两条线，估计甲较乙为好，因为乙是由

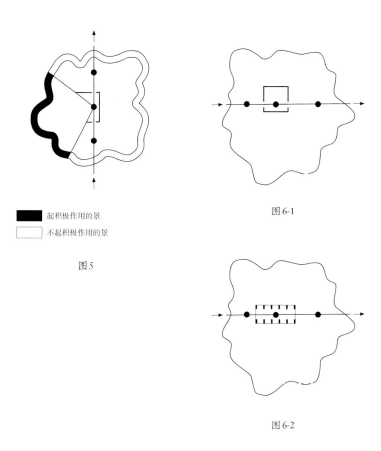

起积极作用的景

不起积极作用的景

图 5

图 6-1

图 6-2

景外到景外，而甲则是景外经景中到景外。图 4 也有等长的两条线，估计也是甲较乙为好，因为乙是由景中到景中，而甲则是景中经景外到景中，这是迂回取胜。又譬如图 5 有景中到景中的一条线，如果在其间设障物一道，这是运用摒去不积极面的手法，人为地形成景外视点。另一种办法是在线上设一院落（图 6-1），这叫作在景中人为地形成另一景中，效果都将加强。试想如果上述院落代之以一圈空廊，则肯定是不起作用的（图 6-2），而这恰是我们在许多新建公园中不时见到的。

就这一个景中视点来说，空间感受主要产生于一个个印象集合而成的空间视觉界面，就一条导游线来说，产生于互相联系的空间集合的总感受，却不是简单的各个空间感受的总和，而是较总和加深、扩大、提高或者是减弱了。以上这些说法是否过于强调动观的空间感受呢？或许有人会问，欣赏一幅山水画，岂非平面？李白之对敬亭山，岂非静观？能说感受不深吗？这个问题容易解答。画非空间而能感人是通过艺术处理而勾起回忆和遐想的结果。至于独坐看山似是静观，实则众鸟有高飞到飞尽之际，孤云有未去与已去之间，山随晦明变化，轮廓逐渐清晰，体势逐渐显露，气质逐渐鲜明，步未移而景却在动，有个时空关系，和看画是不同的。何况"行到水穷处，坐看云起时"，静观其实是动观的组成部分，又往往处于导线上的尽端或终点。

从这里我们得到一个启发。静观时，如果空间感受变化的幅度不大，要取得一定的感受量，是要有较长的时间的。静观等于是导线长度为零。当动观的时候，假设总感觉的量保持不变，导线的长度也不变的话，那么空间感受变化的幅度越大，则所需时间越短，换句话说，动的速度可以越大。同此理，如果空间感受变化幅度不变，速度也不变，而无谓地把导线拉长的话，总感受只会减弱。或者空间感受变化不变，速度也不变，而缩短时间的话，显然总感受也只会减弱。所以苏州园林细腻的变化，匆匆地兜一圈，是绝不会取得冉冉缓步的感受的。又试想，一个盆地，树木茂盛，本来要经过一大段盘山道路通到另一个海拔更高的山谷，谷当中是碧绿的湖水，沿湖是郁郁苍苍的松林，如果在盆地和山谷之间开辟一条短捷的隧道，那么两地景色的迥异将会给人以多么惊人的感受，这是缩短长度，从而扩大了变化幅度的效果。与此相反，李白有句曰："一溪初入千花明，万壑度尽松风声。"没有度尽松声，哪得花明的喜悦，这是不可或少的长度。今天人们有时好心肠地把汽车路直辟到景点的跟前，反而有损于景点。这就是没有或不知道把保持和扩大总感受量放在最重要的位置的缘故。综上所述，这个总感受量、导线长度、变化幅度、时间或速度四者之间的相互关系，给我们组景规划与设计提供了一条微妙的线索，大家熟知的中国园林的步移景异的手法，不过是这个道理最简单的运用罢了。

既然组景的目标主要是有意识地通过空间感受变化取得一定的总感受，那么所谓空间感受的变化、空间感受究竟有多少种呢？对于这一问题，我国极其丰富的文学宝库应该可以提供解答。可是描写风景美，骚人墨客运用的辞藻实在太多了：有些固然典雅，然而无从把握；有些确实美妙，奈何不可捉摸。这是因为写的多是情，如果不把所以生情的空间感受转译出来，是难于在组景设计中为我所用的。

笔者发现柳宗元（唐柳柳州）说的极为精辟概括。他说："旷如也，奥如也，如斯而已。"可谓一语道破。他还认为风景须得加工，先是番伐刈决疏的功夫，才能"奇势迭出，清浊辨质，美恶异位"，然后"因其旷，虽增以崇台延阁……不可病其敞也。因其奥，虽增设茂树䕷石……不可病其邃也"。这就是说要因势利导地进行加工，而所谓势者，非旷即奥，不是非常明白的吗？

然后再把局部空间感受，或者说把个别空间感受贯穿起来，凡欲其显的则引之导之，凡欲其隐的则避之蔽之，从而构成从大自然中精选、剪裁、加工、点染出来的顿挫抑扬、富有节奏的美好的段落。这应该就是组景设计的基本内容。所以说，总感受量之所以多于各个局部之和，是从何而来的呢？就来之于节奏，主要在于旷与奥的结合，即在于空间的敞与蔽的序列。由此看来，风景本身是客观存在的，然而它的美的效果，却有待我们去发现和创造。

既然经过有意识的组景，那么大家从中取得的感受理应基本相同。事实却不尽然，由于各人的性格、情绪、素养、好恶等有所不同，因而在主观成分参与之下，美的感受是有差异的。为了唤起一定的共鸣，促进人们的所谓再创造，运用了起着提示、指点、启发作用的匾对、题咏、史话、传说，从而令人浮想翩翩，这正是我国悠久文化反映在风景名胜上的独特风采，是十分值得珍惜的。

说到这里，或许有人会问，难道把风景美感的得来单纯归之于视觉，那岂不片面吗？对的，风景中"耳得之而为声，目遇之而成色"，举凡花香、鸟语、泉声、谷响、熏风、清气等，听觉、嗅觉、触觉，固然无一不是参与其间的；可是无疑，视觉印象毕竟起主导作用，刘勰云，"目既往还，心亦吐纳"。风景之所以能够激豪情发幽思，因景而生情，空间感觉毕竟是基本的方面。与此同时，视觉感受又总是和生活活动感受相结合的，"菜鲜饭细酒香浓"必然与风景的优美相得益彰。昆明石林的突兀和石林脚下少数民族的酣歌曼舞是相互增色的。换句话，体育文化等生活活动实际上也是景的组成部分，人本身，也是景的组成部分。

这就又提出了一个什么是风景范围的问题。按传统的概念，总是喜欢把风景和喧嚣的人工环境相对立，但是通常却又不把那些人迹罕至而惊心动魄的大自然算在内。其实这也是相对的，幅度是随着速度而变的，"野"与"险"的观念是随着游览工具的进展而发展的。另一方面，有些工业以其有力而鲜明的体形轮廓，例如火力电站的立方体厂房、双曲抛物线淋水塔、高耸的烟囱和大线条的自然环境相结合，可以构成动人的，而且是前代所不能有的景色。所以从城镇到风景点，从风景点到原始穷山恶水之间是没有什么严格而固定的分界线的。已有的名胜固然必须审慎地加以维修保护，但是我们终究不能只是满足于步历代和尚道士的后尘，附封建士大夫的骥尾吧？所以应该强调"开辟"二字，只要我们对风景的范围扩大来看，那就何患无处着墨。譬如安徽从歙县、绩溪一线去黄山，途经镇头到版书一段，许多山村溪流极为优美，不必定要有什么名泉古庙，这里距黄山车行约三小时，正可选辟一个中途点。现在交通比古代方便很多，要求确乎是高得多了。皖南一带作为一个整体来看，九华山建筑群完整统一，由南而北，九华是黄山的补充，由北而南，则黄山是山势的高潮，有待我们去选线布点。所以说可供施展的条件也多得多了。

开辟风景、发展旅游的目的并非局限于经济收益和外事往来，更重要的是对人民群众的教育作用，在风景中人民接受历史教育是一个方面，而更为直接的则是美的感受。我是这样理解的：譬如经过组景，从而突出的景点，在空间为敞，在空间感受为旷，在情为畅，而在意为朗，朗者，心胸开阔、精神振奋、意气风发之谓，将会好一阵子留在人们的脑海，这就是起

1978 年 5 月，冯纪忠先生第一次考察九华山后，在笔记本上写下九华山风景区规划的初步判断

规划：分三个区域。①寺庙区。②园区
③无忧……存九华+……一四出三云海
三街泽映月

近期设想：若先建好看千届+座①甘
露寺②祇园寺③……寺④栴檀林
⑤上三生⑥二神宝殿(龙门阵)⑦上省宫
⑧东崖寺⑨吊桥(……)⑩天台(万佛)拜经台.
绿化……山、共5万9……宣林……2万株
……笑春……8千……其中3千……大队、……二
……决、回30……择种茶。回建……
……园种……柳、千秋松
……柏……黄连、天马、杜仲、黄芪、芎、黄精。
文物保护 字画2000多、一类有十一、二
类62、三类200多。……八千多本。……经一
部。……镜对联、瓷……二十九件
铜……。

如何保护、既保护又……利用。
……刻字、……社、太白亭、……塔。
三海……水、……、延仲、……
……小广场(……)……。

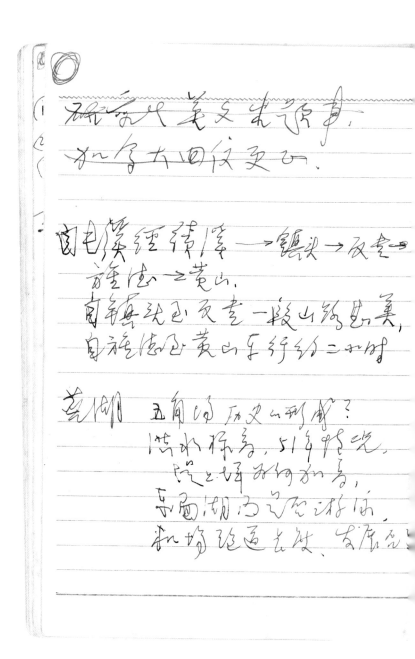

1979年6月，冯纪忠先生第二次考察皖南时，在本子上做的笔记、画的速写

104

105

了作用。而导线组成的节奏所起的作用就更为深刻了。所以组景重在意境，而意境则有高低雅俗之别。试想那种汲汲于一个亭子占一个山头的做法究竟反映什么意识？那种醉心于发现狮峰虎岩马鞍牛头的做法又能给人留下什么回味？又能是什么教育作用呢？

风景中开路修桥建屋，掌握尺度是很重要的。举例来说，马鞍山市有个太白楼，可以想象当时人们或步行或骑马经过一段曲折蜿蜒的石径，上得楼来，顿觉敞亮爽快，而现在呢？经过沿河一条无遮无盖的车道，直驰楼前一片停车场，上得楼来，只觉小得寒酸。设若改为树荫下单行车道，只要有个三五十米的距离下车步行，楼前增种些树木，当可有所改善。又如拟建中的某研究所选址在苏州某山脚下，显然宜于在服从功能要求的前提下，成组疏散、局部紧凑、高低错落、大小相间，而不宜呆板的高楼大厦，才能与妩媚的景色相协调，这都是建设原有古迹名胜容易碰到的问题。另一方面，又绝不能由此而得出风景中尺度小就美的结论。例如部分公路桥梁用了罗马柱头似的桥墩和赵州桥的栏杆格局，而大煞风景。相反，路、桥以及建筑以大刀阔斧的气势结合大线条的自然景色是在现代建筑中不乏范例的。所以，有时风景中几个单位的建筑项目宜于通盘考虑，一气呵成，"各抱地势，钩心斗角"是对风景有损而无补的。总之，从尊重自然照顾原有着眼，应大则大，应小则小，应分则分，应合则合，那就必然是和小单位的狭隘观点、陈腐的形式主义不相为谋的，所谓意境就是思想性。所以，归根结底，提高思想水平，才是开辟风景的最基本问题。

风景开拓议*

风景究竟主要起的什么作用？风景建设固然与经济建设文化建设都有关系，而主要的是它起的精神作用。是否就在于文物古迹、摩崖发掘等等的教育作用呢？不限于此。柳宗元说得好："清泠之状与目谋，瀯瀯之声与耳谋，悠然而虚者与神谋，渊然而静者与心谋。""之状""之声"是物境，"神"是情境，"心"是意境。直观、感受、思，把风景的作用都讲清了，那就是身在风景空间，有感而生情，启迪思考，从而身心得到陶冶。其中很重要的一个字是"静"字。不"静"如何感受？如何思考？上泰山上黄山都像上大街，摩肩接踵，排着队，吹着哨，特别是游地下溶洞，讲解员带领着，这像笋那像瓜，这像猴那像虎，给你不留片刻品味感受独立思索的空隙，又有什么教育作用？我当然不是反对托物寓意，要看是什么意境。我要说的是，这里头有个量的问题。风景实在太少了。何况，过去由于无知，乱砍滥伐，污染了多少水体，毁掉了多少文物。在山里看到破碎巨石，真觉得可惜，别看那么一些顽石，在风景中却很重要。

---

*原文刊载于《建筑学报》1984年第8期，本文系摘录。——编者注

风景如果没有一般，没有整体，就没有特殊，就没有重点。记得四年前北京刚修好西郊的潭柘寺，我去过，感到很不满足。为什么？寺不错，附近和寺内的树也不算差，但是一路上荒山秃岭给我的印象和回忆比寺更为强烈更为深刻。王安石浙游有诗云："山山桑柘绿浮空，春日莺啼谷口风。二十里松行欲尽，青山捧出梵王宫。"把松都砍光就没有捧出的味道了。如果把《醉翁亭记》头一句"环滁皆山也"删掉，直截了当改成"滁之西南诸峰林壑甚美"，味儿也就没有了。因为它原来有大环境、有重点、引人入胜。只把好的孤立起来，而把一般的都搞没了，好的也就不可能起作用，所以，景点景区之外也是不能听之任之不花功夫的。

必要的是从风景的角度，以风景的观点把某些可能蕴藏风景的区域来一番扫描。区别出哪些面积是有发展可能性的，哪些是一般的，哪些是重点，哪些又是没有条件的。打个不求确切的简化的比喻罢。不是在搞经济区规划？必然工、农、矿、城市等等方面都在进行扫描，各自作出图来，当然有的也可能只是腹稿。譬如是农业的话，用三种颜色，深的是最宜于农业的面积，中色是可以用于农业的，淡色是不适宜的。工、矿也是这样。风景也需要这么一张图，把各方面的几张透明图重叠起来。矿的深色碰到工、农、城、景各图上都是淡色的，就没有矛盾。但对风景来说也不见得完全没有问题，因为他们要建设，也许要从我们这块采伐。而颜色相叠时深的和深的重合了，那就是必争之地，需要综合平衡，此取彼舍，要看哪个价值高，哪个低。有评价才能比较。独独风景方面这张图现在仍付阙如，干喊风景重要，如果不和他们平行地赶快搞起来这么一张图，在互相比较之中占一席之地，将来景源枯竭，景点踏平，风景就此没了。想修修补补，玻璃罩罩上几个小点，是无济于事的。所以讲景，应该抠一抠字眼，景源、景区、景点：大者为区；小者为点，区中有点；而景源，那要大于百分之一的国土。三者不宜相混。自然风景、人文风景、旅游资源三者也是容易混的。总之，景源保护的重要性不下于水源。

现在回过头来看着我们自己。无可讳言，欠缺的正是科学性。轻视理性抽象地、解析地把握客体，因而容易流于任意为之的意志论。这也许是文化历史的基础如此，另一方面，则喜从感性出发具体地、整体地把握事物的实质，铺陈而成瑰丽灿烂的辞赋，凝练而成精辟概括警句，这恐怕又是我国文化无与伦比的长处。长处应发扬，短处避不了，扬长补短才是对这门学科的发展作出贡献非常必要的罢！

我国有着描绘风景的极其丰富的文学宝库和艺术宝库。山水画滥觞于隋唐，成熟于唐宋。山水成为主要题材于世界艺术史上是独树一帜的。通常说中国山水画不重写实而重写意，似乎有些语病。其实是既重神韵，又重肌理，没有体察入微、概括抽象，怎么建立如此精深的理论？这里面大有值得发掘整理，用来帮助指导风景开拓工作的东西。文学宝库就更不用说了。

前曾于《组景刍议》一文中指出柳宗元认为景分旷、奥的精辟，旷或奥可以说就是景域单元或景域子单元基本特征。因此最主要的参项应该是在一定条件下的空间截面指数罢！因为这是所以为旷所以为奥的主要物质基础，这是不受主体因素所左右的。至于旷奥程度以及旷奥单元质量的参项及判据必然各有侧重。

泰特洛（R. J. Tetlow）和谢泼德（S. R. J. Sheppard）已经认识到，"景域单元一般有一个或几个豁口，这对观赏者的方向感和动感是重要的"，但语焉未详。脍炙人口的那副对联，"四面荷花三面柳，一城山色半城湖"，也就好在方向感和垂直深度感。沈括绩溪诗云，"溪水激激山攒攒，苍岩腹封壁四环。一门中辟伏惊澜，造物为此良有源"，这就清楚一些了。"壁四环""一门中辟"，原来，境之奥者，豁口是极为重要的。再看柳文八记中有一段，"四面竹树环合"，中间是个小坛，但有一处"斗折蛇行，明灭可见"，上面封得十分茂密，下面有这么一个豁口，闪闪烁烁，一霎可见，一霎不见，而且曲折富有深度，这个口极妙。用我们的话来说，这个口质量高，这一境之奥者的质量因是口而亦高。

奥者是凝聚的、向心的、向下的，而旷者是散发的、向外的、向上的。奥者静，贵在静中寓动，有期待、推测向往。那么，旷者动，贵在动中有静，即所谓定感。而豁口并不是旷者重要的问题。

有一种评价景观的模型，划分前景、中景、背景，作者自己就说，此法不适用于峡谷，也不适用于小景域。可见层次问题只是对旷者重要。

由此看来，从感受出发进行风景评价，如果境之旷者与境之奥者的参项判据不加区别计权的话，那么得出景域的值是含混不清的。

同一个景域单元，也会云霏开则旷，岩穴暝则奥，其中又

110

有不容忽略的因素存在。要能充分而确切地评价景域的旷与奥、旷奥的值，还有很多诸如此类值得探讨的问题。

设想，这些如果得到满意的解决的话，把景域单元旷与奥的值各分几个级，凭借两者的对比性和互补性，把各个景域单元串起来，有意识地蓄势转换，顿挫抑扬，可以构成像音乐那样或跳跃闪烁或婉约舒缓而富有节奏的空间序列，那就大不同于盲目开辟路线了。不过，有互补也就有抵消，有蓄势也就有疲沓，所以选择有个争取最好效果的目的。这里不再赘述了。

中国称风景为山水，确实山与水是风景美丽的两个最基本的因素。山赋予风景以状、以空间，而水则赋予风景以动、以声响，所以"景观"二字还欠完善。特别是对风景空间序列，水声是多么重要。不妨举个例子。元李孝光《游大龙湫记》大可一读。他头一次去正值夏山欲滴，一路循声寻来，先是但闻声而不见声之所从来，于是对所见的峰岩峦嶂产生种种联想，如楹，如两股相倚立，如大屏风，如两鳌，如树圭。既见水则产生种种移想，但不是形了，如震霆，如万人鼓。未见水时，他把水写得如金少山的酣畅爽亮，震慑全场，总之如泼墨如大斧，是一个"壮"字。第二次去是枯水季，水如苍烟，文亦如浅绛如评弹娓娓动听，总之是一个"淡"字。

这里又反映一个我国文化特征：惯于联想类比。具体形象地把握意境，以人象物，以物喻人，浑涵汪茫是以水赞杜诗，奇峭峻拔是以山誉韩文。像雄奇、清远、幽峭、飘逸、劲健、冲淡、瑰丽、隽永、崇高、浑厚这些意境的字眼，真是不胜枚举。这些意境究竟是各从何情境而来？而情境又是从何物境而生呢？物境仍是客体，那么主体条件又是些什么呢？都有待深

入分析。真能得到解答，对赏景再创造是不无帮助的，对风景
开拓的理论是更前进一步的了。

话语"建构"*

《A+D》：冯先生，您好。我们注意到您的学术工作一如您的人生经历，透视出一种"叠合"，中西之间，古今之间，理性诗性之间……为此，想请您以同样的方式坐论弗兰姆普敦所谓的"建构"，既作为老师，也作为方塔园的设计者……据闻台湾学术界曾誉方塔园为国内现代设计史的一个坐标。

冯纪忠：不、不、不，它在许多方面未能尽如人意，当时并没有完全安静下来，按弗兰姆普敦的理解，还缺乏细节，缺乏"建构"，因此无法真正实现主客交融。设计的概念固然重要，但贾岛一类的"推敲"亦不可或缺。刘敦桢先生设计瞻园，有古人之风，堆山叠石，反复斟酌。现今建筑界的发展很快，但也往往使人失去立场，浮华日多。弗兰姆普敦的书我未曾尽阅，但估测他是有感而发，试图对症下药。"建构"并不新鲜，"密斯学派"（Miesian School）的主旨之一就是它，其关键在于面对大规模的建设树立了一种辩证的姿态。

另外，我一直强调对待学术名词要"简单化"。"建构"的本意无非是提示木、石材如何结合一类的问题：①它包含了构造材料的内容；②它要求考虑人加工的因素，也就是说使人的

＊2001年春，为"建构"（tectonic）专题，《A+D》杂志对冯先生进行了专访，主要的访谈内容刊载于《A+D》2002年第1期。——编者注

情感在细部处理之时融进去，从而使"建构"显露出来。比如对于石材的处理，抛光是一个层次，罗丹式的处理是又一个层次——这种"简单"会使我们更深地体会到它的丰富性。在我看，"建构"就是组织材料成物并表达感情、透露感情。

《A+D》：如您所说，"建构"与情相关，必然也与情境相关，您能否就此谈谈它的历时性呢？

冯纪忠：这一点之于"建构"非常重要。一方面情感需要应时而发，如唐之雄浑、宋之隽秀常常是各有所指。另一方面，它本身的内容也应时而变。譬如上海一直是国内现代"组装"技术最好的地方，为什么呢？这与它开埠早有关，工匠能接触到最新的质料工艺，视野开阔，善于吸收。内地有许多优秀的传统工艺，尤善细加工，但往往也具有繁琐的特点，有时甚至忽略材料的本性以"夺天工"——这固然有炫技的成分，但与保守闭塞不无关系。

《A+D》："建构"在西方的现代性背景中是个重要的内容，中国也有现代性的问题，但对它的关怀不够，如何才能引起普遍的关注呢？

冯纪忠：首先需要理解"建构"的重要性，它要求我们什么呢？——用手去触摸它，使这种感性成为理性的基础。包豪斯作为现代建筑的倡导者，却一直重视手工的训练，为什么？我在维也纳读书受此影响很大，材料课上需要凿石打毛，非常累，但对操作、对石料特性有了初步的体验。体验正是关键。当然"建构"也包括制造，大量的生产、复制，它的基础也是对于性能的熟悉。

《A+D》：现代建筑一直提倡空间论，当前这一主题弱化了，与许多词包括"建构"交织起来，弗兰姆普敦曾称它们"互为补足"。而我们更为关心的是，对"建构"的研究是否可以以空间研究作为参照系？

冯纪忠：空间与"建构"同时并存，何为主题则需应时而定。空间的意义之一在于突破了建筑设计中的形体主题。另如建筑中的经济性、功能性都是抽象的，但往往又能一下子具体起来，可见其具体不是自己的具体，是借了别的具体而来，在此突破过程中，空间起着重要作用。再者建筑常因空间研究而具有了更多的层次性。以上几点，都可以说是使"建构"的方法接近空间方法的途径之一。通过它们，"建构"就成为一种主题，起码是一类知识，孔夫子讲读诗又可知道一些草木虫鱼即是此意。作为学生与学者，往往需要多条线索来接近本原。

《A+D》：弗兰姆普敦引入"建构"的同时，也引入了争议。我们一般译tectonic为"建构"，他解释为"诗性的构造"，书名却又不厌其烦，称为"建构文化（Tectonic Culture）"……

冯纪忠：所谓诗意，我的理解就是有情。从这点来讲，我还是喜欢简单，因简单而明了。在我看来，它始终在表述主客、心物、情景……当然语言是约定俗成的符号，一旦变化，可以引人注目，引人去想，促使人去理解它……

《A+D》：王群博士在对弗兰姆普敦的解读中，就反复指出了他语言上的绕口玄虚，但不管如何，如果主题有价值，就值得诠释与再诠释。

冯纪忠：是的，历史就是反复诠释。

《A+D》：刚才您指出不必拘泥于"建构"的概念以及由此

衍生的种种歧义，而要重视它的介入所能引发的思索。当前的设计图景十分异质化，但坚持以模式设计的亦不在少，彼得·卒姆托（Peter Zumtor）等人甚至专以"建构"为核心进行创作，另有一些人则完全相反，他们奉行设计的"非物质化"。由上可以看出"建构"面临"重现"与"隐没"两种趋势，在此情形下，我们又当如何"面临"它的存在呢？

冯纪忠：身处设计的临界点时，我想很难判断自己所据有的理念具体是什么。譬如弗兰克·盖里（Frank Gehry）真的能理清他的言路吗？关键仍在于情，要视意境、情境而定，然后再把这种真诚贯彻始终，实现主客交融。"建构"即包容在追求意境的过程之中，它的坐标也因此而设定，所以我认为建筑师不一定非以"建构"为模式来展开设计。

《A+D》：建构（tectonic）作为求意的方式其实还不是一条坦途，是吗？您在具体设计时又是如何考虑它的呢？比如方塔园……

冯纪忠：是的，"建构"（tectonic）的意识感很难捉摸，其实技术（technique）也是这样，它们常常隐藏在形式背后不为人知。如多立克柱式（Doric Order），形式之余，就有许多"建构"与技术可言。它的颈线、它的竖槽实际上具有不同层次的含义，前者是绳子的演化，在安装中起定位的作用，实际上就提示了技术，这些若不注意，很难体会。

关于方塔园，我的出发点非常简单，即不要恢复一个庙，我希望能有一种形态把古物烘托出来，其关键是比例（scale）。在此情形下，"建构"是顺其自然展开的。

《A+D》：冯先生认为"建构"作为达至主客交融的手段之一时十分自然，但就其本身而言，其"当下状态"常常模棱两可。弗兰姆普敦曾指出密斯（Mies）在巴塞罗那馆设计中以极少主义（Minimalism）来求明晰，故意模糊梁柱关系，实际上也就是说他在追求"理性"之时又伪造了"理性"。如果说他违反了构造的真实，那么他实际上取得了视觉的"真实"，符合了人心中的图式逻辑，这样"建构"的基础之一——真实性受到了严峻的考验。建筑师面临这种两难，又如何加以选择并加以体现呢？

冯纪忠：这的确需要思辨。一是真实未必与形式有关；二是当你提及真实时，真实就已经有了主观。一般情形下，建筑师恐怕要虚怀，首先表达基本的真实，它容易使人理解。此外真实既然有主观性，也就是有时代性，它需要建筑师具有敏锐性，具有前瞻性，譬如密斯就是"建构"的预言者。

《A+D》：以上请您谈了"建构"与设计的"关联"，以下想请您谈谈另一个"关联"，即"建构"是否可教？若可教，又当以什么为边界？手工艺（craft）式的训练是否会与当年的渲染训练一样产生相同的问题？苏黎世高工（ETH）的"建构"教育享有盛誉，自《得州骑警》（*Texas Rangers*）中的霍斯利到来之后，更是展开了系统的研究，弗兰姆普敦的学术基础之一即他在苏黎世高工的一些经历。但是苏黎世高工的条件之好也是令人瞠目的，那么"建构"在今日之中国，又当如何处理呢？

冯纪忠：三点。其一，可以视之为一条知识线索，提供选择的丰富性；其二，需要发展地审视它所蕴有的内容；其三，也是核心之处，即需要融入感情。何谓情，起码是一种敬业精神吧……

《A+D》：非常感谢。

诗

众鸟高飞尽　孤云独去闲
相看两不厌　只有敬亭山　　李白

In die Höh'n fliegen (ziehen) die Vögel dahin
　schon weit.
Das letzte Wolkenstück zieht
　schwebt müßig vorbei.
Betrachte ich gegenwärtig mit
　Ehrfurcht stets den
Jin-Tin Gipfel, und mich allein.

诗中有画

杜牧的《山行》是首优美的诗：

远上寒山一（石）径斜，
白云生处有人家。
停车坐爱枫林晚，
霜叶红于二月花。

让我们尝试复原一下诗的物境。是车行，所以径不会太
陡，不会有台级，不过是缓缓地上坡而已。"人家"也不在很
高处，云生山坳，故曰"生处"。"一径斜"三字本身就有舒缓
的味道，并非远望一条直上山去的斜线，而是条缓转延伸的透
视线。发现了有人家，可知非预期的访友探亲目的地。但是天
既已晚，本应赶路投宿，为什么忽然停车？"坐"字应解为
"为了"，为了惊喜霜林之美。何以惊喜？难道一路没有枫林？
难道是峰回路转另有天地？都不是。原来是傍晚日斜，车行渐
转方向中，恰正霜林直背日光，一片透明火红，忽然满眼闪
烁，怎不让人惊喜，忙叫停车？再看那"寒"字的妙用。寒山
是指那背阳的一片蒙蒙黛色的山体，不正是霜林极好的衬景？

"寒"字下得似不经意，细查才见。如果有人一见"寒"字、"晚"字就曲解为苍凉，为自况，为自喻，都未免离题。固然意象、意境无不反映主体的情，大至气度情愫，细至情思、情绪，但绝不是个别字眼所能一一对应的。

"白云生处"有人说应是"白云深处"。我认为还是"生处"好。为什么？因为"云深不知处"，深了就看不见人家了。"生"字才有云出岫的动态意味。"一径斜"有人说应该是"石径斜"，我认为未必。为什么？因为写的是眼中的大画面，一片平涂的山色，山坳微见几点人家，一痕山径引向那白云生处，随后视线迅即转向仰望枫林，请问谁会注意脚下是石是土？

《山行》或许也有所本。杜甫有句，"含风翠壁孤云细，背日丹枫万木稠"。不过无疑小杜超越了老杜，何以见得？这却要先从另外一些诗篇说起。

王维《新晴野望》，"白水明田外，碧峰出山后"，由田、水、岸、山至峰，层层推远，峰是主题。如果画成画幅，那由下而上近乎水平的一带田、一带水、一带轮廓和缓起伏的山峦，最上或许稍微空出些云气之后，碧峰巍然而立。但是，诗是写傍晚雨后，本来雨时一切灰灰暗暗，雨停了，岸和山仍然灰暗不变，唯独水映天光，突然白得透明澄澈起来。时为初夏，所以田苗尚疏，必然也亮了些。云散了，山后夕阳照射得碧峰似乎是冉冉岸然出现的。"出"字是动词，水由暗而明，峰由隐而现。诗是历时性艺术，这两句既是对偶又是有先后的。所以，特别这个"出"字是共时性艺术的绘画所难于表达的。然而恰恰这个"出"字是诗的精神所在，神来之笔。

祖咏《终南望余雪》：

终南阴岭秀，
积雪浮云端。
林表明霁色，
城中增暮寒。

头两句写远景，由北郊望终南。城在北，山在南，所以望到横亘的岭阴。第二句如果把积雪释为主词，那么雪浮云上，雪与云岂不融成了软绵绵的一体？终南山海拔超过三千米，上部是草木不生的。诗题已点明望的是余雪，也就是说或多或少露着峥嵘山骨。再试想植被自下而上逐渐由稠到稀再到消失。云层拦腰遮断了渐变部分，必然使云下山麓植被放色和云上裸露山骨淡色之间的色差感大为加强了，那么上部山体真像戴雪腾云驾雾似的了。诗人的确捕住了这一意想不到的直观效果。

再回到前面的问题，"雪"既不是主词，什么是主词呢？我认为一、二句应连续读。"岭"才是主词，而"积雪"二字固然是岭的修饰词，"秀"字也是"岭"的修饰词。不过，"秀"字可不能作"美"字解释。古时"秀""秃"相通，其实直到今天文雅谈吐间还是有避称秃头而叫秀顶的。所以连读来就很清楚了：裸露而戴雪的岭巅好像浮在雪端似的。

第三句写中景。山麓到城之间，层层片片林梢霁色被暮色天光背阳平射得格外醒目，组成了闪闪烁烁如波似"练"的水平向画面。收得也好，"寒"是"望"的结束，"暮"是特定时空，"增"字点出历时性。

现在不妨回到"秀"字。"秀"若解作"美"，从而作为终南的"价值判断"的话，固然将成赘语俗套。但又设想，若非特定时空的整个境象之美，又是什么激起了诗兴的呢？或许在短短的绝句中，不论哪里，只要信笔放上一字，未尝不收"欸乃一声"的效果。恐怕这又是一字双义之妙。

三诗各尽其妙，各有特色。祖诗是由远而近，把壮阔静穆的气势经由林表波澜接引回来，养我浩然之气。王诗是由近及远，一往不复，自我呈现，未尝不可与李白的"相看两不厌"比照。

小杜诗纯是审美，极其活跃，先见远景，继而惊于近景，立即跃回，省去中景，反使寒山得以衬托霜叶，疏朗明快。远近之间有一线弯斜，点出有复，还将有往。

小杜诗并没有点明丹枫的背日，而反观老杜的两句，未免显得万木壅塞，反碍背日丹枫。孤云不足为远引视焦，句间关联也就不够。还需指出，这只是就这一点而言，无意褒贬。

杜牧也并不是唯美主义者，试为证。他的《齐安郡中偶题》：

两竿落日溪桥上，
半缕轻烟柳影中。
多少绿荷相倚恨，
一时回首背西风。

124

竿高影长一比二，斜线；风动柳条，斜线；地上柳影，斜线。荷斜、叶斜、人影斜，外加横直动静，纵错散乱，溶戚一片，可真是绝妙画面，绝妙蒙塔奇（蒙太奇）。然而，诗中有画，诗中又有话，留待会心人。

1999 年

断章取义

　　周邦彦："叶上初阳乾宿雨，水面清圆，一一风荷举。"王国维《人间词话》中说，这三句"真能得荷之神理"。嗣后，人多随声附和。

　　我却有个疑问久未能解。"一一风荷举"指花是不辩自明的，而"叶上初阳乾宿雨"呢？苏东坡写月夜"曲港跳鱼，圆荷泻露，寂寞无人见"，生动逼真。荷叶有细绒，露凝雨落叶上，当即聚而成珠，风动珠滚，怎会留得住宿雨？除非"水面清圆"意图说明叶是静态地贴浮水面，那是水莲之叶。但水莲的花却又出水而不上举，难道唐代荷类不同于今天？怕也不是，为什么这样说？那时孟浩然有句"荷枯雨滴闻"，李商隐也有句"留得枯荷听雨声"，枯荷有声，显非贴水，似无疑问。

　　难道是我过于求甚解吗？细胞里欠缺诗意吗？"初阳乾宿雨"是诗意地想象，清晓水上宿雨蒸发而成冉冉烟霭，笼罩着初经雨洗大片田田园叶，衬托着一一上举的风荷，何等明媚清润的气息。的确，千百年来打动多少人心，不就在于此，还不足以相信吗？何必咬文嚼字？

　　近日重新细读全词，颇有所得，顿觉疑团冰释。

　　先抄下《苏幕遮》：

燎沉香，消溽暑。

鸟雀呼晴，侵晓窥檐语。

叶上初阳乾宿雨，

水面清圆，一一风荷举。

故乡遥，何日去？

家住吴门，久作长安旅。

五月渔郎相忆否？

小楫轻舟，梦入芙蓉浦。

"燎沉香，消溽暑"，烧香可以消解暑热湿气？怪事！难道是心理作用？不是。是燎香驱蚊聊消烦躁，古人已经满意得足以入诗词了。醒来听得檐间鸟语报晴，抬头窥见窗外斜刺里，初阳照射得枝头叶上的宿雨闪烁着丝丝点点的光。此"叶上"并不是指荷叶。随后出户，喜见水面上一片清圆的荷叶衬托着一一上举的荷花。所以是由闻鸟而窥枝头，因知晴而出户，见风荷而忆梦入芙蓉浦。一切声、香、形、色、光影、熏风，顺着视觉俯仰与心理推移，这才纵错构成了意象之群，从而引发词人美好回忆和思乡情怀，呈现出一派情景交融生气勃发的意境之美。怎能把写荷当成重点呢！

1999 年

柳诗双璧解读

人称《江雪》和《渔翁》为柳宗元诗中双璧。

江雪
千山鸟飞绝，万径人踪灭。
孤舟蓑笠翁，独钓寒江雪。

宋范晞文说唐人五言四句除柳的《江雪》外，佳者极少。可见他对这首诗推崇备至，但他没有说明理由。清沈德潜赞评此诗"处连蹇困厄之境，发清夷淡泊之音"。近写柳传的著者谭继山承此说，"孤寂枯淡境界产生画意，正因为诗人仍具备观赏的情怀"等等诸评似乎都不够透澈。

这首诗短短二十字，却用了绝、灭、孤、独、寒五个字，岂非倔强愤悱之气溢于言表，直是到了不克自拔的地步。奈何后世多少画家却从欣赏的角度，力求表现淡泊情怀来创作一翁顿悴狷缩的江雪图，那不是背离诗的境界十万八千里？

其实此诗并不难懂，也不像还含有什么潜台词。何况这么多的定向指涉修饰词使得审美经验中读者联想补白之路颇受干扰，已经没有剩下多大的再创造空间了，也就是犯了王国维所谓的"隔"病。试看李白饱经沧桑晚年之作《敬亭山》。其中

"两不厌"是在前联景象烘托之下的感慨、自况以及龚鹏程所谓执相实相之论的彻悟，留给了读者无限玩味的余地。不知范晞文是怎么看的。说到此，让我们把《江雪》暂搁一搁。

渔翁
渔翁夜傍西岩宿，晓汲清湘燃楚竹。
烟销日出不见人，欸乃一声山水绿。
回看天际下中流，岩上无心云相逐。

这首诗的命运则相反。自从苏轼提出末联可删之后，上千年来人们随声附和也就认为是白璧微瑕者多。又有些行家谓此诗颇有奇趣。奇在何处？那不过是不着边际的安抚而已。近来偶见一篇评解这诗的文章，作者姚崇松指出"欸乃"二字不是船声水声，而是曲名，音霭襖，言之甚详。并且以电影喻诗，描述了随着镜头的推移伸缩，欣赏诗中的大小、点面、明暗、清浑、旷奥、开合、声色等等的变化，颇有新意。特别是作者持末联不可删之论，不过尚有某些可以商榷的地方。

我也素来主张不可删，不妨说说我的见解。

先看"清湘"的"清"字。若把它简单地视为"湘"的修饰词，只不过是雅称湘水以入诗的话，那是很不够的。试想这句诗写的是未晞时分，岩下一片蒙蒙灰暗，飕飕轻凉，当中出现了燃竹的一丝暖意和微烁火光。"清"字岂不是这气氛再恰当不过的概括？此外，这句"晓汲清湘燃楚竹"，竟然窸窸窣窣下了六个齿音字，轻微、清脆的汲水声、枯叶声、燃竹声真是呈现无遗，真可谓"得象忘言"的大手笔。不仅如此，"清"

字还是为下联而设的伏笔呢，要看下去就清楚了。

"烟销日出"由暗渐明，无疑这是作为虚拟主体的西岩渔翁东向所见的景象。此烟指的是霭。若果有位导演强作旁观者，竟把特写镜头由西而东，从楚竹之烟推引扩展到晓霭，岂非把主题误导成空气污染？

"不见人"更不能解释为渔翁的幽寂。不见人止暗示有人，虽不见而灵犀一点通，虽不见面但闻人语响，恰恰显示幽人不孤。这"欸乃一声"绝不是自己高歌，而是出自不见之人。所以，一声划破，顿觉慰藉与喜悦，心蓦地苏醒而与山水盎然共色。而诗句却是反过来，似乎在说"欸乃一声"把那灰暗冷青的沉睡山水突然唤醒而呈现出纷绿的本色。这个戏剧性效果也应归功于前面"清"字的辅助——由清而绿。

"回看天际下中流"，也有作"回首"的，以"看"为妙。为什么？从主体动作来说，首联汲水燃竹是俯视，中联是平眺，因而末联应该是翘首遐观，还带有闲适的意味，而不只是回头。"下中流"的"下"字点出水急舟速，于是，任情漂荡，不觉已到中流。回看天际，岩下来处已远。

"岩上无心云相逐"，我认为"无心"二字正是诗人虚拟主体的境界，是诗眼。唐人不乏以水与云喻心境的诗，且看，杜甫的《江亭》，"水流心不竞，云在意俱迟"，是说心随水与云，悟本性而入于自如自在境界。反观《渔翁》这两句则是水虽急而心闲适，云虽动而心平静，高出一筹。杜甫诗还有末联"故林归未得，排闷强裁诗"，可见并没有解脱。再看柳诗并没有把心物一一直接对照，而是极具匠心地作了安排。"相逐"有几种解释，一是追随，一是追逐。舟在中流，云在岩上。云不是追随轻舟，而是云与云之间相互追逐。诗人只是无意之间目遇逐云，以我心度云心，想来云当亦染上"无心"而相逐嬉戏罢。这是"以心度物"。再说，莫非还有"托物见意"的一面？"回看"是遐想，"相逐"也可指争逐。是否隐含轻蔑鄙薄长安那班纷争纠斗之徒的不堪？字里行间隐约带有些许幽默。不妨把整首诗用南音读一读，全诗竟有二十个齿音字。韵脚仄声中四个是短促的入声。若使谱入声乐，肯定不合咏叹调，更合乎诙谐曲吧。再说，前两联不言无心而无心自喻，何以末句欣赏云趣方始点出，是否恰正勾起"有心"？看来柳宗元从未忘怀人世重伸抱负，何曾含有乘化归尽的意思？有别于王维《终南别业》名句"行到水穷处，坐看云起时"呈现的澄澈豁达。总之，杜、柳、王同借云水而所悟不同。这就是《渔翁》末联不能删的道理，不是很清楚吗？

　　《渔翁》含蓄杳眇与《江雪》大异其趣，判若出于二人之手，应作如何解释呢？贞元革新夭折，风云突变，柳宗元政绩泡影，同道星散，世态炎凉，一股脑儿扑来，身心为之摧残。当时不过三十三岁。贬居永州十年之久，最初两三年的心境可想而知。嗣后渐趋平静，特别是由于知交激扬，写下了大量珠玑纷陈的诗文。正如他自己所说，"以文墨自慰，漱涤万物，牢笼百态，而无所避之"，流露着成就立言的喜悦。晚唐司空图就以"温厉靖深"深许柳诗。宋初晏殊更说，"其祖述坟典，宪章骚雅，上传三古，下笼百氏，横行阔视于缀述之场，子厚一人而已"，是评唐的论。知诗知人，不知人无以知诗。我看不止于晏所说，后世所奉的"唐宋八大家"之于博大精深言之有物来说，也是子厚一人而已。

诗之感人在于见真性情。以诗人这段经历度之,《江雪》当是居永初期之作,而《渔翁》则是居永后期之作。至于"隔"与"不隔"何可划分诗之高下,柳诗双璧正是明证,况且愤极悲极怨极之语往往取"隔"而刻骨铭心。隔与不隔之论似是"温柔敦厚"诗教的余绪,而圣人诗教或许原出于善意的忠告,彼王者霸者则掇来"以愚蚩蚩者耳"。

1999 年年终

门外谈*

午关将至，而这里却似春光满眼、桃李芬芳，岂能不使人兴奋。

久疏专业，谈什么好呢？姑且作个门外谈，谈谈读诗的体会，关于诗的意象罢。而且是双重门外：在建筑学府谈本门之外的诗，而在诗门来说我可只是个门外汉，最多不过是个欣赏家。所以叫作"门外谈"。真是再切题没有啦。

比与意象

京剧名演员盖叫天说他每天除了练功之外的行动准则是："坐如钟、立如松、卧如弓、走如风。"这是比，以形比形，不是意象。

李贺《苏小小墓》中：

> 幽兰露，如啼眼。……草如茵，松如盖。风为裳，水为佩。……

＊2000 年 12 月，冯纪忠先生在同济大学建筑城规学院师生会上做题为《门外谈》的报告。后经整理成文字稿，刊载于《时代建筑》2001 年第 3 期。——编者注

前三个"如"仍然是比，后二者已是意象，因为不是直接以形比形。临风如触轻裳，桨声细如环佩，有了主观判断的参与，可见并不是凡用"如（为）"字就都是比。

白马非马，马是抽象的，白马才具体，才可把握，才能重现，也就是说把物象加以修饰可成为表象。往往并置若干表象才足以强化表现力度。

例如常被提及的马致远小令：

枯藤老树昏鸦，小桥流水人家。古道西风瘦马，夕阳西下，断肠人在天涯。

九个表象在夕阳笼罩之下，烘托着在天涯的断肠人。这末句既是主题又自成意象，可惜"小桥"句不似天涯，恰似江南春，应作何解释呢？路秉杰教授说得好，小桥流水人家是使人意想家园的温暖。这就清楚了，原来，枯藤老树昏鸦是三个表象，是情与象相遇的结果。例如我自己是以枯藤想怀素狂草，以老树想大笔飞白和大斧劈，以昏鸦想倦飞，而收得的是苍古的美感。及至一经与小桥流水人家两相对照，顿觉枯藤老树昏鸦成浪迹荒寒的意象了。接着诗人回到自身处境，"古道西风瘦马，夕阳西下"，他们恐怕正在念叨我这断肠人不知漂泊在天涯何方罢。

并置而达到时，空与心境尽出。可举温庭筠的名联为例：

鸡声茅店月，人迹板桥霜。

白朴略早于马致远。他的小令《天净沙·秋》：

孤村落日残霞，轻烟老树寒鸦，一点飞鸿影下。青山绿水，白草红叶黄花。

一连用上十二个加以修饰的物象，极为和谐统一，枯瘦中又生机盎然。白朴活了八十多岁，宜乎有此曲。

隐喻两例

李白的《乌栖曲》中：

青山欲衔半边日。

王之涣的《凉州词》中：

春风不度玉门关。

贵在字面本身已然充满情致，解开所指史事则感人更深一层，不同于猜谜。

反常合道

李白《秋浦歌》：

白发三千丈，缘愁似个长。

不知明镜里，何处得秋霜。

许多注释异口同声。有说是喷薄而出，起得惊人，跟着下一个"愁"字，何等分量。奇想奇句，不因悖理的艺术夸张而不使人被诗的激情所震动。也有人说，虽似无理，细想合乎逻辑，但不说下去了。我听了像替李白圆谎，心里总有些不舒坦。一次理发，闭目养神，猛有所悟。这第二句的重音不是落在"愁"字，而是落在"缘"字上的。"缘"不应作"因为"解，而应作"顺着"解："愁"顺着发而生，沿着发而长，有时间感。设想白发月剪一次二寸，一年一尺，十年一丈，除非秃顶，岂止三千根？根根相续，是以发的长度量愁的久长，这叫作时空转换。本以为我这下找到了满意的答案，谁知，无意中发现一首译诗：

My whitening hair would
make a long long rope.
Yet could not fathom all my
depth of woe.
Though how it comes within
a mirror's scope
To sprinkle autumn frosts,
I do not know.

Giles

多么透澈，真不得不把发现权让给他了。不奇怪，正因为

138

外国人除了对奇想惊奇之外，还对中文陌生，所以一下子闷头逻辑求解，不由得从不确定步入确定。可是，以译诗取代原诗，诗意诗味却趋向淡化。这是从不求甚解又滑向另一极端。

或许有人会笑，是嘛，诗是不能这样读解的嘛。诚然，李白哪会像我这样笨算呢？但是，我敢说他绝不是酒醉顺口溜的呀，而是从心所欲不逾矩，一个字都动不得。让我们重读一遍。"三千丈"三个齿音，一个比一个刻骨铭心，一个"长"字，长长舒一口气。估计是他较晚的一首诗。若是早期的话，那就必然是"明朝散发弄扁舟"吧！

奇想奇句

李白《金乡送韦八之西京》：

客从长安来，还归长安去。
狂风吹我心，西挂咸阳树。
此情不可道，此别何时遇？
望望不见君，连山起烟雾。

奇在主语谓语宾语作反常的嫁接。风吹心，心挂树。或许后世的成语"挂念"是从这里化来的。"念"字非象，所以软化得多。外语何尝没有相同的例子。

英成语"kill time"表示消遣浪费时间。猪能杀，鱼能杀，time竟然也能杀。头一个说出这个意象时使人惊异的程度是不下于头一个吃蟹的吧。

李贺在意象方面层出不穷，没有人及得上。

他写马，"向前敲瘦骨，犹自带铜声"，其实也在写人。

看他怎样自画像：

壶中唤天云不开，白昼万里闲凄迷。

其实是说借酒消愁愁不消，却加以陌生化。酣饮竟幻似融入壶中，愁情竟广如乌云笼罩，极大幅度地开合张缩，从而收到意想不到的效果，妙在既含蕴着深沉的感慨，又浮现着盎然醉态。

李贺《秋来》：

桐风惊心壮士苦，衰灯络纬啼寒素。
谁看青简一编书，不遣花虫粉空蠹？
思牵今夜肠应直，雨冷香魂吊书客。
秋坟鬼唱鲍家诗，恨血千年土中碧。

是诗人秋夜写作，抒发愤激慨叹之辞，可谓意象纷陈。

"桐风惊心"写伤时，注家都解释为诗人敏感，连风吹枯叶声也使他惊心。

为什么单单提桐叶呢？我有个幼年印象。那时住北京，院中窗下有两株梧桐。桐叶比一般落叶树叶大，分果像小叶，左右边缘有两粒种子。叶与果枯透了才会飘落。可想而知，一阵秋风，枝枝相触，片片争飞，飘舞而下，地上风扫，簌簌声

140

繁，与络纬应和，能不惊心吗？

"络纬啼寒素"，诗人耳中络纬声衰，故曰啼。"素"字是说像机杼声。下一"寒"字是一、二句的气氛和心境。"寒素"还有一层贫寒素士的暗喻。

中文用字很有关系。络、纬、素三字同属系部，联想自然。这是中文的优点之一。苏珊·朗格曾惊讶地说，"中文每个字都是意象"。的确，中文与英文相比之下是多出一个层次的意象。

这里不妨说个小插曲。我去年写了篇短文，信手写上标题《畅遊地中海随笔》。一想不对，如果付梓，"遊"字被改成"游"，朋友若读到，会不会说这老头儿不简单，居然畅游地中海？殊不知我是怯水的。若说文字改革是为了简化，为了省时省事，那么"游""遊"何苦省这"临门一脚"呢？我看还是改回的好，回头是岸。

诗人叹息，谁看你这呕心沥血之作。"不遣花虫粉空蠹"，还不是白白里让虫蛀成粉末。我们读来，诗人愤懑无奈之情溢于言表，也就无暇细研其中词性的更变、句法的参差，而欧语世界眼里直是语无伦次，不到模糊、朦胧、结构、解构的大兴是不会欣赏的。李贺的诗并不是孤例。

全诗从惊心到肠直到血碧，一步比一步沉痛。在第一、二句里下了"惊、苦、衰、啼、寒"五个字，却又掷地有声放上一个"壮"字，和结句恨血千年后终将作为碧玉被人发掘遥遥相应，信心十足。这是有别于"郊寒岛瘦"之处，与后世给他

"鬼诗人"的头衔极不相称。

李贺《雁门太守行》:

黑云压城城欲摧,甲光向日金鳞开。
角声满天秋色里,塞上燕脂凝夜紫。
半卷红旗临易水,霜重鼓寒声不起。
报君黄金台上意,提携玉龙为君死。

一、二句写敌人压境,守军严阵。
三、四句写出战迎敌,勇战入夜。
五、六句写援军疾行,夜袭敌后。
七、八句写将领挥军,号令猛攻。

全诗声色缤纷,情景交融,惊心动魄,如在目前,真是一篇奇诡而浑融的传世之作。

让我把一、二两句的意象提出来,谈谈体会。

"黑云压城城欲摧,甲光向日金鳞开。"明明云是轻的,却重得几乎欲摧城,是修饰词的反常用法。明明是日脚上光如金鳞,却说鳞光向日开,是主、副词的倒置。黑云与金光形成色彩强烈的对比,但云的虚散性和光线的穿透性,云的下掩和光的上射,再再映发着敌气虽然嚣张,而我军同仇敌忾士气昂扬的大势。

我还有个题外联想。李贺生活于八、九世纪之交,甲光似金鳞,又在《贵主征行乐》中有句"奚骑黄铜连锁甲",可见

142

当时显然是软甲。可是在我的记忆中，欧洲古堡和博物馆所看到的，甚至文艺复兴画家们笔下的盔甲还是硬壳虫似的呢。这个现象恐怕不能视为小小的形式偏爱问题罢。

诗的生成

主客、心物、物我、情景、心象等，都和情与象相遇一个意思。说无象不能成诗，象指的是表象或意象。英文image似乎是不分表象和意象。这也是三象常被混淆的缘故。打个譬方，物象如生矿，表象是物象经情的筛选淘洗，意象是表象经意的锻造。

表象、意象皆不离物象。

意境不离意象，无意象不能成意境，所谓境由象生，但意境本身却无象。

说意境大于意象之和，是说意境的情与理大于意象之和。所谓象外象、味外味、镜中影、水中月等，都是这个意思而讲得玄虚而已。至于何以大于和，容另详谈。

说诗有有意境和无意境之别，是不完整的。怎会无意境呢？只有高低之分和是否经由意象表述出来罢了。这又是技巧的问题。

什么是意境与境界的区别呢？王国维没有讲清楚。意境是指诗境，而境界是指诗人的风神气度等等，是意境中流露出来的。所以诗不一定有境界，即未流露，甚至流露而不足信，因为诗人的境界也会有时间性，必要从更大一层系统加以征信。至于把境界和物境、心境混用更不足为训。

143

上面简图的顺序时程可以短到一刹那，也可以很长，而且是往复推进的，何况往时词义没有充分约定，所以概念容易含混不清。

司空图远在晚唐已经对诗作了那样精细的分析。他把诗分为二十四品。其实，其中有些是指意境，例如冲淡、流动、清奇等，有些是指境界，例如超谐、雄浑、典雅、豪放等，还有些是指诗文本的格调，例如劲健、含蓄、缜密等。

再者，上面的简图，情是由于事物突来的刺激，所谓触景生情。另一种情况则是事物厚积而萌生一个模糊而待发的意念，于是一面在尽力理清自己的意念，一面匆匆在自己的表象库存里寻找和建构这个"意"可能借以附托的象，这时凡遇与心境合拍的景或外来的意象，也就油然生情而成了自己新鲜的表象。建筑设计似乎更符合这种情况。不过，设计"意"的内涵却是极为丰富而繁难，得来艰苦的。忽略了这一点，容易流于虚浮表面。

意象的动态

意象本已非具体物象，而是诗人的主观创作和读者主观再创造的蓝本。它是不确定的，是能动的。意象一经解读可以退化为读者的表象，也可以被一再引用而成成语，起到一句抵三句甚至点石成金的效果。若再不断引用下去，则意义稳定下来，美感逐渐衰减而成象征，甚或被普遍认同为哲理。但有的意象则由于历史条件的变迁或美感讯息的消失而变成陈词滥调，可是这并无损于原诗的价值，因为它是当时内外条件之卜的结晶。

　　人们，这个人们指建筑界，常说建筑师要有哲学家的头脑、音乐家的耳朵、画家的眼睛、诗人的什么什么等等。说的怕是法乎其上的自励吧，实在却是难乎其难啊。若又求之具体应用呢，那我这门外汉在诗园寻寻觅觅，却始终没有见到什么可资借用的模式，也没有惊遇什么什么可攫取的诀窍。想来诗能够提供我们的，莫非就在于活跃人的想象，滋润人的意境，甚至养人的浩然之气罢。再说，既然建筑是工程又是艺术，那么，建筑之于诗性，设计之于诗意，建筑师之于诗情，果然是鱼水不容分的了。

新解偶得

——读李白、屈原诗词有感*

李白《菩萨蛮》：

平林漠漠烟如织，寒山一带伤心碧。

暝色入高楼，有人楼上愁。

玉阶空伫立，宿鸟归飞急。

何处是归程？长亭更短亭。

烟怎么如织？首先看"平林漠漠"。比较纯的树种若成林，远望高度基本一致，所以是平林。如果平林是松、杉、桦、棕之类乔木的话，远远望去见干不见枝，密密层层排立着垂直线条，这"密密层层"就是"漠漠"二字的第一层意味，这垂直线群却被那水平的层层烟霭横向里穿透截遮，远处平望，确乎形成了经纬交织的图像。设想，伫立凝望只见竖线都稳立不移，而横向的烟霭则缓缓蠕动，"织"字不又成了动名词？这就是"漠漠"二字的第二层意味。寒山一带作为衬托平林的背景，是轮廓起伏舒缓而细部模糊不辨的黛绿，一抹平涂。"漠漠"二字是首联物境最好不过的概括，也是伫立的楼上人情怀

*原载于《同济大学学报（社会科学版）》2002 年第 1 期。——编者注

的映射。这是第三层意味。

"暝色入高楼""宿鸟归飞急"，暝本无色，是天渐暗，能见距离递减，视觉目标不自觉地步步后收而落到近空飞鸟。飞向平林的归鸟在伫立者眼里三五零星，先后左右突然出现，又阵阵一掠而过，迅即消失在暝色之中，犹如划破了漠漠愁思，更唤起对伊人归来的冀盼和惆怅。

有的注释者把此词释为客中思归去似不切，因为"空伫立"就是徒然等待，所以应是闺中盼归。这个"急"字是从"烟如织"到"思如织"的激化剂。

看！"如织"意象之妙，"入"字之神，以及"急"字、"空"字之用，都是亦情亦景，情景交融，正如王夫之所云"情景名为二，而实不可离"。暝色来而宿鸟去，宿鸟去而盼人归，写的正是往复律动，所谓意识之流。

温庭筠有首《梦江南》不妨拿来作个比照：

梳洗罢，独倚望江楼。
过尽千帆皆不是，斜晖脉脉水悠悠。
断肠白蘋洲。

看来，《菩萨蛮》较之《梦江南》，可说是"密度"上更胜一筹。但，奇怪的是怎么当中插上句"有人楼上愁"呢？"玉阶空伫立"不是明明已经点出有人？空伫立不是在怅望愁思？再加上一句岂不成了个赘句？一般写闺怨之类的诗词都是假借虚拟思妇之口，那些动人心弦的作品若不看作者之名，真不知其为须眉，例如金昌绪的《春怨》、晏几道的《鹧鸪天》、冯延巳的《蝶恋花》等等，不胜枚举。

词本是入乐的，试想若在昆曲中，这首词当然属青衣的唱段，那么她唱到"有人楼上愁"，恐怕无论身段和眼神都将很是尴尬罢，难道这是作者千虑之一失吗？显然对这么一首传世之作就这样骤下断语是过于轻率的。

促使我回想一下方才读解的过程，发现当我品味词中意象，专注于重构情境的时候，好像自己不自觉地逐渐站到了伫立者的位置，对那句"有人楼上愁"真是视而不见，无所触动的。及至词中景象似乎历历在目，沉浸其中而渐有需求，把审美信息还原成词人的意向与面目的时候，这句突然清晰起来，犹如发自旁观者的喃喃自语、指指点点，它打破我的沉浸，指引我脱开了玉阶上的视点而挪移到了他那边来，撇下的伫立者却成了景象的组成部分。这时，若说此词写的是羁客思归，由同情伫立者而联想妻子望夫，确是合情合理的。正如柳永《八声甘州》"……想佳人，妆楼颙望，误几回，天际识归舟"。不禁更进一步转念，若说写的是"因人命兮有当，孰离合兮可为"的千古慨叹，又有何不可？

王国维说过，诗人方物"须入乎其内，又须出乎其外。入乎其内，故能写之；出乎其外，故能观之。入乎其内，故有生气；出乎其外，故有高致"。何谓高致？我看正是那"给人以摆脱时间与空间局限的美感"，使诗义多向、开展、概括、深沉了。这句"有人楼上愁"的重要作用在此。

也有人认为《菩萨蛮》是假托李白之名的作品，至今似无定论。我这外行是无力亦无意卷进考据的行列的。即使作者是假托，何以不假托王维、杜甫、元、白、韩、孟呢？看来作者深知诗情对应诗人的境界，反映他的水平绝非等闲。

不知何以这样不容等闲视之的手法却不曾在诗词中重复出现。倒是在传统戏曲中旁白、旁述、背供等等剧中局外人或局内人暂时脱身而直接向观众透露或交代的手法，运用至今，时有亦庄亦谐画龙点睛之妙。

这种求解诗词而戏曲萦绕不去的情况却给了我启发，以之重读《九歌》的《山鬼》，出乎意料地获得了新解。

古时的祭礼中，若神为女性，则由巫扮之，而主祭为男性的觋；若神为男性，则由觋扮之，而主祭为女性的巫。为了解说方便起见，我把《山鬼》全文加以分段编号。

1. 若有人兮山之阿，被薜荔兮带女萝。
   既含睇兮又宜笑，子慕予兮善窈窕。

2. 乘赤豹兮从文狸，辛夷车兮结桂旗。
   被石兰兮带杜衡，折芳馨兮遗所思。

3. 余处幽篁兮终不见天，路险难兮独后来。

4. 表独立兮山之上，云容容兮而在下。
   杳冥冥兮羌昼晦，东风飘兮神灵雨。

5. 留灵修兮憺忘归，岁既晏兮孰华予？
   采三秀兮于山间，石磊磊兮葛蔓蔓。
   怨公子兮怅忘归，君思我兮不得闲。

山中人兮芳杜若，饮石泉兮荫松柏。
君思我兮然疑作。

6. 雷填填兮雨冥冥，猿啾啾兮狖夜鸣。
风飒飒兮木萧萧，思公子兮徒离忧。

有人认为这些全部由扮山鬼的女巫唱出。那显然是不妥当的。吕正惠则认为第1、2两段是觋唱的，以下直到终篇都是山鬼唱的，而且认为山鬼唱第4段时，觋早已走了。对这种说法我早已发现几个问题：

一、既然觋唱第2段时还很注意山鬼的动静，远远看见她折花拟赠，之后，山鬼降临了，短短唱了两句，未及与之见面，这边觋却转身跑了，未免唐突不合情理，何况主祭怎么可以离场？

二、既然觋已离去，为什么第5段山鬼还会唱那句吕译为"跟你在一起愉快得忘了回去"呢？

三、第4段描写的是物境，若由山鬼唱似应放第3段之前才顺理成章，而且既然匆匆而来，何以又独立不前？

现在辗转琢磨，豁然有悟，下面仔细说说我的看法。第1段觋唱"若有人……"是点明远望仿佛有人。

第2段不应由觋唱，为什么呢？前面既然唱"子慕予兮善窈窕"，露着淡淡的傲慢气息，那就不会唱"折芳馨兮遗所思"，"遗所思"含有不知是谁的意味。所以这段应是陪祭唱的"帮腔"，他们顺着觋的指向，也就附和着说仿佛是看到了，骑着豹，捎着狸，既有车，又有旗，穿着兰，佩着花，还好像

151

"摘花来赠心上人啦"！孙大雨译的显然是加错了主词。

第3段无疑是山鬼出场唱的，"我在森森竹林里不见天日，路又太不好走，偏偏迟到了"。"独"字不能作"单独"解，更不能作"单单后于他神"解。

在解释第4段之前，先把下段首句"留灵修兮憺忘归"分析清楚是很有必要的。我认为"留"字绝不能释为跟某人在一起，而应作"守候"解释。《辞海》举庄子"褰裳躩步，执弹而留之"为例。这样看来，山鬼与觋根本没有相遇，"憺"也就不能解为"愉快"，要回去又怕他恰正到来，含有耐着性子的意思。这样才理顺前后情节，所以"留"字之解非同小可。原来，第4段应是由陪祭唱的，而且是全文的关键。"表"字应作"屹然"解。这里"独"字却是"独自"原意。"她屹然独自伫立在山上，脚下流动着厚厚的云层"，多么高逸出尘、隽秀大方的形象。况且"独"字还暗含着另一层妙用，陪祭在前面唱第2段时山鬼并未出场，可见他们口中什么狸、豹、车、旗其实都不是目中之物而是添油加酱凭空臆度出来的罢。

"遮得下面白天像夜晚一般幽暗，飘着神秘的细雨，又吹着阴湿的东风"，看！分明她是看不见觋的，觋也没法看得见她。这段只能由局外的陪祭唱出，表达的岂不是人神异域，逾越无从吗？

这一唱段颇似我国戏剧中的"旁白"，全凭语词道出，一台分成两个空间。推测当时大众对此语词耳熟能详，任何景片、隔断、道具、灯光都不必要。或许后代戏剧的面向扩大了，生怕观众不解，才不得不用上一堂龙套，挥着黑旗象征乌云，碎步穿梭两者之间，权且示意罢了。

第5段是一大段极其生动细腻的山鬼唱词：

"只好耐着性子问等罢，迟了应该回去啦，韶华难驻，时不我予，有谁懂得！

"找些灵芝采回去罢，这乱石头烂藤葛可真讨厌。

"能不叫人怨愠失望！忘了该回去了，莫非是想我而不得闲？是嘛，我山中人芳杜若、饮石泉、荫松柏，哪点不足以自矜？可是，如果只说想我，叫人又怎么相信呀！"

第6段应属陪祭的唱词，为什么呢？因为前面口口声声忘了回去，忘了回去，那么像"徒离忧"之类的语气怎会出于这位少女之口呢？人情若是，神鬼何不然？至于"鬼"字，古人并无贬意蔑意，不可不知。要知戴着后世对"神女"之类字眼含义与日俱下地贬值与变质那种有色眼镜是会扭曲诗义的。

仔细玩味这段尾声，很像我国传统戏剧的下场诗。末句"思公子兮徒离忧"倒是和李白《菩萨蛮》那句"有人楼上愁"异趣而同工，诗人都是着意设下了一个局外视点，至于是用明眼抑慧眼或冷眼来获取断想，那就取决于读者自己罢了。这是我偶然两得新解。

纵观破解《山鬼》的历史性纠葛，关键就在于对主词的推测。这个问题在翻译中呈现得尤其明显，难道归罪于屈原隐晦曲折，故弄玄虚吗？绝不是。那又为什么呢？因为唱词都是扮演局中人、局外人的角色现身唱的嘛，还需要什么主词？至于《菩萨蛮》的时代，诗已与祭脱离，局外视点的运用却是匠心独运。

2001年1月

时空转换[*]

——中国古代诗歌和方塔园的设计

方塔园的规划设计一晃二十年了。既然指名要做个介绍，我就权充讲解员给诸位导游一遭罢。早经《建筑学报》《时代建筑》发表过的内容尽可能从略了。

关于我设计这一文物公园的手法只提一点，那就是对偶的运用。且不说全园空间序列的旷奥对偶，还在北进甬道两侧运用了曲直刚柔的对偶，文物基座用了繁简高下的对偶，广场塔院里面用了粉墙、石砌、土丘的多方对偶，草坪与驳岸用了人工与自然的对偶。与园已多年不见，这一次重会，园的蓊郁与我之龙钟又是多么有趣的对偶啊！对偶真是我国突出普遍的文化现象，春联、喜对、成语、诗文处处都是。而对偶其实可以分为两种性质：一是通常叫的对比，二者比照，以见高下，厚此薄彼，爱憎分明，甚至激化到像杜甫的诗句"朱门酒肉臭，路有冻死骨"；另一是两两对照，相辅相成，和谐统一，"乾三连坤六段"由来可久远了。

诗里面对偶或称对仗，对仗的运用则又可分为不同的层面。举例来看：

＊根据冯纪忠先生2001年5月在杭州、安徽等地建筑学会上的讲演整理而成，后载于《设计新潮》2002年第1期。——编者注

韩翃诗句："落日澄江乌榜外，秋风疏柳白门前。"似属画面色调的对举而已，这是第一层面。

王维诗句："声喧乱石中，色静深松里。"声喧与色静就不光是物境了。后面还有两句："我心素已闲，清川澹如此。"原来前两句是后两句心境的外化，主客交融，这是第二层面。

王维诗句："白水明田外，碧峰出山后。"写雨后初晴。雨时一片灰蒙蒙，乍晴，天光一亮，岸、林、山峦都仍然昏暗不变，而水映天光忽然亮了起来，初春苗稀，田里又微微亮些了。而画面上最高处，亦即最远处，斜刺里受光的碧峰好像从山后岸然显现了出来，诗人这时犹如好友重逢般喜悦。这是仔细品味"明""出"两字可以感觉到的，而诗人自己并没有像前例那样明说，这是第三层面。

李贺《雁门太守行》："黑云压城城欲摧，甲光向日金鳞开。"云是轻的却足以压城，日照甲上却说鳞光向日而开，主副词倒置。黑云与金光强烈对比，云的虚散性和金光的穿透性，云的下掩和光的上射，多方面映发着敌气虽然嚣张，而我军士气昂扬必胜的大局。我们看到两个反常合道的对偶意象的展现，多么有力地惹人寻思求解，这是第四个层面。

对偶若一强一弱，一明一暗，诗中也有不用对仗而用衬托法的。例如杜牧《山行》："远上寒山石径斜，白云生处有人家。停车坐爱枫林晚，霜叶红于二月花。"寒山青黛衬托着霜叶火红，多么鲜明。而"寒"字下得似不经意，"晚"字还藏着山的阴面、枫的背日那双重含义在内，耐人寻味，也属第四层面。

前面提到"意象"一词，那么出于物象、表象、意象、心象以及意境、境界种种名堂的纷至沓来，我们不得不抠抠字眼了，可又不想从概念到概念，让我姑且举个例罢。

郑板桥画竹有所悟，他说："晨起看竹，烟光、日影、露气，皆浮动于疏枝密叶之间，胸中勃勃，遂有画意，其实胸中之竹，并不是眼中之竹也，因而磨墨展纸，落笔倏作变相，手中之竹又不是胸中之竹也。"

他说的"胸中勃勃"就是生情，这时物象之竹已被筛选淘汰，所谓"澄怀味象"，情与物恰而刻画为表象之竹，铭记于心，所以表象之竹绝不是什么简单的表面现象。这个表象再经"意"的锻造和技法的锤炼，或许其间还要借助于其他表象的渗透和催化，才呈现出意象之竹。意境生于象，这里"象"主要是指意象，但也可指表象的并置叠加。意境自身却没有象。意境指诗境或画境，而境界指的则是作者的风神气度，那是从意境中流露出来的。那么回过头来看，所谓对偶只是意象运作的技法，其他如隐喻、双关、联想、变形、背反、嫁接、错觉、夸张、错位等等都是技法，而技法贵在为深层含义服务。

接着他说："意在笔先者，定则也。"无意之笔只能是照相机、复印机。什么是"意"？或许有人以为"意"就是意境，若果真如此，那么表象岂不只能向预设的意境迎合？那还有什么意境的"生成"？所以这么说不够确切。"意"者，意念也。

意念含有两个成分：理性与感性，逻辑与审美。当然两者多少有些侧重，决定于作者的境界。这么说"意"不同于意境，区别何在？我认为"意"可以说是朦胧游离的渴望把握而尚未升华的意境雏形。意象还要经过安排组合，寻声择色，甚至经受无意识的浸润而后方成诗篇画幅。

他后面还有一句话："趣在法外者，化机也。""化"字什么意思？物化、大化、化生、化工、化育、化境，哪个？其实就是物象化表象、表象化意象、意象生意境嘛。"趣"字呢？"趣"就是情景交融、物我两忘、主客相投、意境生成的超越时空制约的释然愉悦的心态，所以意境是"意与境相交融"（引用《辞海》）的说法也是不着边际的。

我们建筑师不是从在学到从业都在不断的"化"中生活吗？有甚者夜以继日地化，化得寝食难安，从任务书化到图纸，从二维化到三维，虚化而为实，实化而为虚，哪有不懂"化"字的呢？化并非玄虚得不可捉摸，只是我们要达到"趣"何其难啊！建筑不论创作还是解读都有可能遇到主观的不化或客观的不化，诚不若于读诗文中寻趣，其乐无穷。

试举两例。苏东坡《念奴娇》："乱石穿空，惊涛裂岸，卷起千堆雪。"先看，"卷起千堆雪"是说心潮似涛而涛似雪，这还停留在"比"。"乱石穿空"有译家一见"空"字即刻联想到天际，于是把乱石译作乱峰，显然是错误的。乱石是江中大大小小散布着的矾屿之类，浪触乱石，或漫石而过，或受阻而溅，此喷彼落，此没彼现地构成了散乱的穿空似的动象，外化了心潮的澎湃。"惊涛裂岸"，涛退岸痕出，似为涛所裂，写的是力度，多么惊人的印象。有人或许是不理解其中逻辑，认为

158

裂岸怕是"拍"岸之误，不知细想，江岸裂痕哪一道不是自然力万千年刻画出来的呢？诗人词客只是把瞬息和亘古加以意识化了，这叫作"时空转换"。这些绘声绘色层出不穷的动态意象激起了词人的怀古幽情和人生感慨，"浪淘尽，千古风流人物"。

李白《秋浦歌》："白发三千丈，缘愁似个长。不知明镜里，何处得秋霜。""三千丈"夸张过头了吗？出于激情可以原谅吗？一次理发，闭目养神，猛有所悟。第二句的重音不应落在"愁"字上，而是落在"缘"字上的。"缘"字不应作"因为"解，而应作"顺着"解，愁顺着发而生，沿着发而长。设想白发剪一次一寸，一年就是一尺，十年就是一丈，一头白发又何止三千根？根根相续，总长何止三千丈？以发的长度测愁的久长，真是妙绝千古的时空转换意象。有人会说诗人不过是信手拈来而已，我说不是，有没有证据呢？有，末句。何"处"得秋霜而不用何"时"得秋霜，何"处"是空间，全诗无一丝"时间"痕迹，不是有意不露吗？更妙的是秋霜宿夕而来，化得又快，不正是"久长"的反义？

凡艺术有历时性和共时性之分，而两者都谋求反向趋同，建筑何独不然。一如诗画，谋求转换，粉墙花影，花与墙不动，而花影则随时间的推移而动，这是二向度的变。再如一组空间，流动其中，步移景异，随着滞留长短，流向不同，次序不同，而空间序列的韵律不同，这是人动的变。能更超越一步吗？值得尝试。何陋轩就是抱着这一愿望进行设计的。

何陋轩茶厅在方塔园东南角小岛上，岛自北而南微倾，标高距水面平均1米，东部土丘占了岛的三分之一面积，下面仅就设计构思中时空转换方面做个介绍。为了挡土和限界空间用了半径与高低都不等的一些弧段墙体。弧墙面正对光则亮，背向光则暗，不言而明。而侧对光呢？那就不论凹面凸面，都是从一端到另一端如同退晕似的由明趋向阴或由阴趋向明，而且这段墙面若是朝南的话，一日之间两端的明和阴持续渐变到最终相互对调。再想，若有两个凹面东西相对的话，那么一日之间这两个界面之间的空间感受不是无时不在变动的吗？不但如此，一方弧墙的地上阴影轮廓更是作弧线运动，而和对面弧墙体不动的天际轮廓之间一静一动地构成了持续变动的空间感。此外，何陋轩还就近借助两侧弧形檐口，各与本侧弧墙之间同样取得这种效果，这就大大不同于平面线性的变化，而是把时间化为可视的三向度空间。正因为茶厅的特定性质，人的滞留并不短暂，可以想象一壶茶一局棋前后，这种正反、向背、纵横、上下交织的、无时无刻不在变的效果是可以感受得到的。

何陋轩作为全园景点之一，就应具有一定的分量才能与清天妃宫、明楠木厅遥相呼应，所以它的台基面积采取大略相当于天妃宫的大小。三层这样的台基依次叠落递移30°、60°，好像是在寻找恰当的方位，而最后何陋轩却并未按三层台基的选择，而决定继承南北轴向的传统跨在三台上面。这种类似歇录像记下了操作过程，或说是把意动凝固了起来，不是另一种时空转换吗？

于是台基、弧墙在整个变奏之中刚柔应对，相得益彰。三层台基错叠还留下了一个空隙，恰好是我们熟悉的三角板形，轩名柱就应立在这儿罢。至于元件，都取独立自为、完整自恰、对偶统一的方式及其含义与观感，以前做过一些介绍，这里就从略了。

编后记

　　几年前，曾经与冯叶小姐谈起，中国已经是拥有"世界遗产"最多的国家之一，而上海还没有一项。在我看来，她父亲冯纪忠先生设计的松江方塔园就堪获这一殊荣。方塔园融汇东西方文化，用现代建筑语言营造园林意境，已经获得国内外建筑界的广泛赞誉，是当代中国的坐标性建筑，是中国建筑的"神逸之品"。冯先生提出并在方塔园实践的"与古为新""旷奥对偶""修旧如故"等观念与方法，是当代中国建筑师对世界建筑文化的贡献和丰富。中国列入世遗名录的文化遗产中，绝大多数是古代的，还有极少是近代的，但还没有像方塔园这样古今结合的。它非常契合世界遗产委员会提出的"文化景观"，特别是"设计性的文化景观"的理念，完全有资格代表中国（上海）去"申遗"，否则实在遗憾。

　　我去过三次方塔园。

　　第一次去之前，构思了一种与方塔园"直面相遇"的方式。不做什么"功课"，不看他人的解读，直接把自己"抛入"园内，完全凭第一感去接触，有点儿现象学的意思吧。记得那是一个初冬的午后，阳光很好，微寒里还有一些暖意。从北门进园，沿石砌甬道下行，方塔逐渐走入视野；绕过方池和明代照壁，进入塔院，再经堑道至何陋轩。坐下，要了一杯茶。日光混合着邻座推牌的吴语，在弧墙、竹丛、水面上蠕行，刚刚"索隐式游园"的惊讶、激动，与声、光、影折叠在一起。恍恍惚惚，竟不知身在何处。直到茶室伙计过来提醒打烊，半日已过，游园惊梦了。回到北京，再读冯先生的文章，那些模糊不清、略带杂乱的印象，变得清晰起来。更让我兴奋的，冯先生"划"的不少"重点"，游园时也get（领会）到了。那一刻，我对自己说，自己的心与冯先生是相通的。书，可以编了。

从冯纪忠先生开始规划方塔园到全园第二期完全竣工，用了将近十年的光景。而这十年，恰好是改革开放元年的1978年贯穿到80年代末期的十年。冯先生后来回忆，"80年代之前，你没办法实现，80年代之后，也没办法实现，你今后也不一定能够实现。这是夹缝里头才能够钻出来啊——要有一个很好的甲方，以及一个相应的时代背景。做了以后，我也没什么懊恼了"。早了不行，晚了也不行，也不是有钱就能办的事儿，要因缘具足，这其实就是方塔园的一个窗口期。今天走进方塔园的有心人，都会自然感受到园子里洋溢着的那种自由健康、轻松明快、朝气蓬勃的时代气息。我们要感谢历史"选择了"冯纪忠，才留下了这个反映了时代，更超越了时代的方塔园。

当年上海市园林管理局拟建的三个项目里，方塔园的初始条件最复杂。原有的宋代方塔和明代照壁要保护好，迁建来的清代天妃宫要预留地儿，且不说能否做到"气韵生动"，就是中规中矩地经营好位置已经不易了。更何况，当时还有一些人为的干扰，一些"嘈杂的不和谐声音"（今天再来看，那些"声音"反而成了这件经典作品的"脚注"）。这些问题和困难，任何一个处理不好，都不会有今天的方塔园。冯先生很"轴"，"我倒是蛮开心，我确实跟他们方式不同。方塔是建筑文物，考虑文物的问题。还有就是基地，当时讲起来很不利，塔的标高相对马路是低下去的，周围乱七八糟，一块一块的洼地。有的时候就是这样，我还不喜欢一张白纸，我情愿有东西、有困难，我倒可以思考怎么解决。塔，讲起来是个障碍，正好这个才能说明方塔园应该这样，你怎么照它轴线都不行"。这一次，冯先生把宋、明、清这些面向过去属性的历史模块，"与古为新"地反转到具有指向当下和未来属性的装置艺术组合体。而在不同层级的空间关系上，交叉灵活地运用"旷奥对偶"的手法（早在60年代初，冯先生就率先在国内建筑界提出"建筑空间组合理论"，在我看来，这就是一连串的空间组合实践）。如此，冯先生创造性地解决了风景规划、文物保护、新增建筑三者的关系。现在，我们看方塔园，不仅有大写意，也有细工笔。甬道的铺砌、堑道石块的堆积这些细节，都透着一位工程师的严谨和一丝不苟，这些是冯先生在奥地利维也纳工科大学留学时陶冶出的素养。

"笔者发现柳宗元说的极为精辟概括。他说：'游之适，大率有二：旷如也，奥如也，如斯而已。'可谓一语道破。"冯纪忠先生借用柳宗元的"旷奥"二字来总结自己的风景和园林理念。冯先生接着说，"方塔园表达了风景的旷、奥。比如说，甬道（堑道）表达空间的奥，到广场，开阔了。根据空间序列，确定收与放的关系"。一般认为"旷奥"是视觉的、空间的，但我以为这还仅是停留在直观表象、第一识的"旷奥"。

第二次游方塔园时，我发现随着景物的转换，视觉的"旷奥"变化也同频对应在自己的"呼吸"上。呼吸也有"旷奥"，方塔园里最奥之处莫过堑道，走堑道会惕惕然，气息急促。而最旷的南草坪，吐纳可以延展到云边。我理解冯先生的"旷奥"应该包含了"眼、耳、舌、鼻、身、意"六识，随着身体移动与逗留，"旷奥"在"眼耳舌鼻身"五识之间"交互通感"，最终导向冯先生的"意"识。

"时空转换"，时间与空间这两个量，在物理世界实现彼此的转换，需要有接近光速的条件。何陋轩内三个构成勾股的极简青砖平面，组合压低檐口的大竹篷、弧墙、水面、植物，然后对"主体（我）"的逗留时间进行积分，就会得到一个"意-物"场域积（冯先生讲的总感受量）。"心"是可以"超越"光速的，以"意（心）"导"物（时间和空间）"，物我两忘，就能达到"意（随心）"的时空转换。何陋轩，其实是整个方塔园"旷奥"的黄金点；也可以说，在何陋轩，"旷奥"如正负粒子相遇而湮灭了。这不是玄学，这是实实在在的物象。"象（旷奥）"不是目的，是通向"意"的"用（手法）"，而"意"才是目的，是"体"。冯先生"立象以尽意"，把"意"这个中国传统文化中难以诠释的词，用现代性的建筑语言呈"象"在何陋轩，这是属于冯先生的"自主时间"和"自主空间"。"我到了何陋轩，经典不要了，就是'今'了。这个'今'，不光是我讲出一个新的意境，这根本是我自己的。""我的情感、我想说的话、我本人的'意'，在那里引领着所有的空间在动，在转换，这就是我说的'意动'。"冯先生如是说。

中华民国成立的第4年，冯纪忠先生诞生在开封的一个书香世家。先生幼承庭训，中国古典文学的修养很高，《旷奥园林意》里收录有他的诗评诗话就是证据。虽说中国是诗歌大国，诗解诗评名家辈出，但是"诗无达诂"，冯先生的诗话绝对是独辟蹊径、自成一家。譬如，他尝试对感性诗文进行理性拆解（从空间的角度等），不仅不会让人觉得突儿生硬，反而会有恍然大悟、脑洞大开之感，是"反常合道为趣"的范例。更难能可贵的，冯先生能超越鉴赏层面，"臻入化境"，把对古代诗文的感悟"化用"在当代建筑设计之中。俗语说，"观景不如听景"。遇见方塔园之前，举凡我游览过的园林，古代的要么受限于空间尺度，要么迭经兴废、"易主屡改"而原貌不存；现代的园林则又多是仿古叠山理水，乏善可陈，以至于游览之后，对比去之前的浪漫诗意想象，总有些许落差。所以，我以为中国古代诗文只能是语言营造的意象世界，而方塔园让我第一次有了置身"诗情画意"的体验。需要特别说明的是，这种体验既不是穿越回古代（当然也不可能），更不是古装戏或者cosplay（角色扮演）的诗歌摹古镜像，而是现代人自我内心被唤醒的当下诗性体验，一种"诗性的沉思"。诗歌"物化"或者说"图像化"，文学意象反转为现实图像的过程，其实也是"与古为新"。"'为'是'成为'，不是'为了'，为了新是不对的，它是很自然的。'与古'前面还有个主词（subject），主词是'今'啊，是'今'与'古'为'新'，也就是说今的东西可以和古的东西在一起成为新的。"

编书之前并不知道，作为规划专家的冯纪忠先生，与我的母校中国科技大学之间还有一段交集。1978年和1979年，冯先生应时任安徽省委第一书记万里的邀请，两次到合肥为科大校园出谋划策。当时的科大，除了纠结于继续留驻安徽，还是重新迁回北京之外，还有一个更迫切的问题：学校是仍待在教院原址，还是搬到远郊董铺水库岛。冯先生主张，要从规划和可持续发展等方面考虑，任何东西，包括校园建设，不能一说更新就把旧的东西一下子丢掉。设想若不是当年冯先生等人的建议，我们也许就要去岛上念书了。四十多年过去，今天科大的校园格局，基本上遵循了冯先生他们的方案。所以，当我从冯叶小姐手里接过那本旧旧的科大工作手册，透过发黄纸片上的字迹，看到的是自己在那个校园里的五年青春时光。这也许就是由一个科大物理系毕业生来为冯先生编书的缘分吧。

冯纪忠先生留下来的建筑，据说只有两个半。"两个"是指松江方塔园和武汉同济医院，"半"是指武汉东湖客舍甲所。这里方塔园最完整。冯先生晚年曾慨叹自己的创作黄金时期只有那么一个窗口期，即改革开放后的十几年时间。通过与冯叶小姐的多次交谈和阅读冯先生弟子们的追忆文章，冯先生的形象变得鲜活起来。平日里的冯先生，是一位待人忠厚、和气儒雅的谦谦君子。但是，一旦投入到建筑设计中，冯先生是充满自信、大胆创新、勇猛精进。他说："我借着何陋轩这个题目，主要就是要表达：一个一个都是独立的。不要以为，有主有次……它是完全独立的。""什么叫'完全独立'呢？自己有中心，自己有自己的center point（中心点）。center point，不是什么'定义'给定下来的，我自己有自己的center point。""我不敢说，何陋轩作用那么大，不过至少'动感'比巴塞罗那展馆大一点。同时，这个动感是随着我的'意'来的，我的

'意'的变化是一个过程。"

在中国建筑界，冯纪忠先生是一代宗师。但是在建筑圈外，知道他的人并不很多，这是多么遗憾而又无奈的事情啊。编辑出版《旷奥园林意》和《造园记——与古为新方塔园》这两本书，就是想让更多的读者，特别是非建筑专业的爱好文化艺术的读者，认识冯先生这样一位学贯东西的建筑大师，知道他还留下了像方塔园这么优秀的作品。《旷奥园林意》除了收录冯先生关于方塔园、园林史的文章，也选了他在建筑教育、风景规划和中国古代诗词方面的文章。虽说是普及性质的读物，但也力求较为全面地呈现他的思想。《旷奥园林意》主要以《冯纪忠百年诞辰研究文集》（中国建筑工业出版社2015年5月版）为底本，同时参考了《建筑人生——冯纪忠自述》（东方出版社2010年3月版）等资料。对于选入的文章，订正了底本的个别错漏。其中个别文章，还核对了初刊的版本，如《建筑学报》1990年第5期上的《人与自然——从比较园林史看建筑发展趋势》。

冯纪忠先生说方塔园整体设计，取宋的精神，韵味是宋的。当书籍设计师张弥迪问我这两本书的设计方向时，我说，书的整体调性，也要有宋意。这个宋意，并不是把书弄成假宋版书，而是也要秉持"与古为新"的精神。具体来说，就是书的形态与读者的关系，要自由、轻松、友好，不能僵硬、紧张、疏离。可以平铺展开，也可以卷起来，揣在衣兜里去方塔园。一句话，要有人情味儿。

有幸编辑冯纪忠先生的书，首先要感谢冯叶小姐的信任和支持。在编辑过程中，我经常向她咨询请教，由此我也知道了文本之外的冯先生。也要感谢王明贤先生，作为建筑评论家，他不仅提供了部分参考资料，还在选目方面给了不少建设性的意见。普利兹克奖得主王澍教授非常敬重冯纪忠先生并对方塔园（何陋轩）多有研究和绍介，他同意本书使用他的文章作为序言；赵冰教授是冯先生的首位博士生，他多年来整理的冯先生著述对此次编辑帮助很大；远在美国的赖德霖先生也给出好的建议；同济大学的黄一如先生提供了根据何陋轩设计原图重绘的平立剖图；金江波先生、苏圣亮先生、陆云女士同意使用他们拍摄的图片；这两本书能顺利出版，与湖南美术出版社社长黄啸先生和责任编辑王柳润女史的支持也密不可分。在此我对所有这些帮助表示衷心谢意。本人没有受过建筑科班训练，充其量是个爱好建筑艺术的"票友"，拉拉杂杂写下的这些文字，与其说是编后记，不如说是一篇我自己的学习札记，其中肯定有不妥甚至误读之处。在此不揣浅陋，抛砖引玉，还望方家不吝指教。

柳宗元有诗云："若为化作身千亿，散向峰头望故乡。"冯纪忠先生虽然已经离开，但是他的风骨、他的思想、他的精神，已经化作千百亿身，尽散在方塔园的一瓦一砖、一草一木、一风一水。

朋友，去方塔园吧。

王瑞智

2022 年 3 月于北京中关园

图书在版编目（CIP）数据

旷奥园林意 / 冯纪忠著；王瑞智编. -- 长沙：湖
南美术出版社，2022.11
ISBN 978-7-5356-9888-9

Ⅰ. ①旷… Ⅱ. ①冯… ②王… Ⅲ. ①园林建筑-建
筑艺术-中国-文集 Ⅳ. ①TU986.4-53

中国版本图书馆CIP数据核字 (2022) 第164078号

旷奥园林意

KUANG AO YUANLIN YI

出 版 人：黄　啸
著　　者：冯纪忠
编　　者：王瑞智
责任编辑：王柳润　刘海珍
书籍设计：张弥迪
责任校对：侯　婧
制　　版：杭州聿书堂文化艺术有限公司
出版发行：湖南美术出版社
　　　　　（长沙市东二环一段622号）
经　　销：湖南省新华书店
印　　刷：浙江海虹彩色印务有限公司
开　　本：889 mm × 1194 mm　1/32
印　　张：6
版　　次：2022年11月第1版
印　　次：2022年11月第1次印刷
书　　号：ISBN 978-7-5356-9888-9
定　　价：88.00元

邮购联系：0731-84787105
邮　　编：410016
网　　址：http://www.arts-press.com/
电子邮箱：market@arts-press.com/
如有倒装、破损、少页等印装质量问题，
请与印刷单位联系调换。
联系电话：0571-85095376